纺织服装高等教育"十二五"部委级规划教材

高职高专服装专业项目化系列教材

浙江省重点建设教材

NÜZHUANG CHANPIN
SHEJITU BIAOXIAN

女装产品
设计图表现

竺近珠／著

东华大学出版社

图书在版编目(CIP)数据

女装产品设计图表现/竺近珠著. --上海：东华大学
出版社,2013.6
　ISBN 978 - 7 - 5669 - 0297 - 9

Ⅰ. ①女…　Ⅱ. ①竺…　Ⅲ. ①服装设计-绘画技
法-高等职业教育-教材　Ⅳ. ①TS941.2

中国版本图书馆 CIP 数据核字(2013)第 130366 号

责任编辑　　谢　未
编辑助理　　李　静
封面设计　　戚亮轩

女装产品设计图表现
竺近珠　著

东华大学出版社出版
(上海市延安西路 1882 号　邮政编码:200051)
出版社网址:http://www.dhupress.net
天猫旗舰店:http://dhdx.tmall.com
营销中心:021-62193056　62373056　62379558
新华书店上海发行所发行　苏州望电印刷有限公司印刷
开本:787mm×1092mm　1/16　印张:9.25　字数:231 千字
2013 年 6 月第 1 版　2013 年 6 月第 1 次印刷
印数:1-3 000
ISBN 978-7-5669-0297-9/TS・409
定价:29.00 元

前　言

　　本教材以高职学生为对象，内容简单易懂、逐级递增、由简到难。每件款式都配以详细的步骤分解以及图片注释，让高职学生比较直观地去掌握款式图的表达方法。以企业一线的服装款式作为载体，根据教、学、做合一教学的项目化设计和学生实践能力与创新能力培养的需要，设计了人体动态绘制、服装局部设计的表达、女下装款式图的表达和女上装款式图的表达等技能实训项目。在编写的每个项目的开头都设有"学习目标"以及"项目描述"，以明确"知识目标"和"技能目标"的内容，做到重点突出，便于自学。

　　本教材与《女下装结构设计与工艺》《女上装结构设计与工艺》《春夏女装制板与工艺》《秋冬女装制板与工艺》一起，作为杭州职业技术学院达利女装学院服装设计专业项目化系列教材，可作为高职院校服装设计专业和针织服装设计等专业的实训项目教材，也可为企业技术部门的人员提供辅助性的培训参考教材。

　　在该书的编写过程中，得到了杭州沸弥服饰有限公司尤海荣总经理的支持和帮助，为本书提供了其设计作品及企业款式图片资料；程锦珊老师提供了企业一线的服装款式图资料。作为老师，接触最多的便是学生，他们的鼓励与帮助是对我莫大的支持。其中特别要感谢达利女装学院服装设计专业袁梦醒、叶琳佳、陈媛媛、周梦祥、孙芸芸、南茜、沈璐雯、虞彬彬等同学的帮助。再次向她们以及那些曾经帮助过我的朋友们表示衷心的感谢，同时，也感谢院领导给予的大力支持。

　　本书的编写得到了杭州职业技术学院达利学院院长许淑燕教授的悉心指导与审稿，在此表示衷心的感谢。本书在编写过程中难免有错误和纰漏之处，欢迎专家、同行和广大读者批评指正，不胜感谢。

杭州职业技术学院

竺近珠

2013 年 3 月 20 日

目　　录

项目一 女装人体姿态绘制

任务1 正面姿势女人体的绘制

一、学习目标

通过本任务学习,达到以下目标:

1. 了解人体的骨骼和肌肉的名称及分布情况;
2. 了解人体形态结构特征;
3. 掌握人体各部位比例;
4. 了解服装与人体的关系;
5. 能进行正面人体动态几何体的绘制;
6. 能进行正面肌肉人体动态的绘制。

二、任务描述

本任务主要在于让学生掌握正确的人体比例,能了解服装与人体的关系。引导学生对正常女人体与绘画女人体的特征进行分析,在此基础上进行正面姿势女人体的绘制。

三、知识介绍

(一)表达服装产品的载体之一——人体

1. 了解人体的相关知识

人体是表现服装产品的载体之一,服装必须通过人体来展示。作为一个合格的服装从业人员,必须了解一些简单的人体骨骼和肌肉的结构和形态。

(1)人体骨骼

人体骨骼由 206 块大小不同、形状不同的骨头组成。人体依靠全身的骨骼来支撑,它在外形上影响着人体比例的长短、体型的差异以及各肢体生长的方向和形状。在表现服装人体虽然不需要了解每块骨头,但应对简单的骨骼结构有所认识(图 1-1-1)。由于每块骨骼所对应的人体位置的不同,对人体动态也会产生不同的影响。

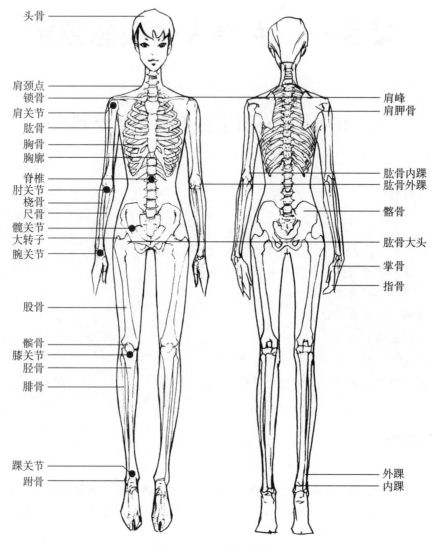

头骨
肩颈点
锁骨
肩关节
肱骨
胸骨
胸廓
脊椎
肘关节
桡骨
尺骨
髋关节
大转子
腕关节
股骨
髌骨
膝关节
胫骨
腓骨
踝关节
跗骨

肩峰
肩胛骨
肱骨内踝
肱骨外踝
髂骨
肱骨大头
掌骨
指骨
外踝
内踝

图 1-1-1　人体骨骼图

（2）人体肌肉

在绘制人体动态之前,对人体的肌肉分布情况、肌肉名称也应该简单地了解（图 1-1-2）。对人体肌肉有所了解,能更好地理解人体,更有利于表达服装人体的动态姿势。肌肉依附在骨骼的表面,它的作用是使大小不同的骨骼通过关节的连接而完成屈伸运动。因此,所有的肌肉都影响着人体的运动及姿势。

2. 写实人体与服装画人体的区别

表达服装产品的人体是一种比较理想的人体,这种人体的比例是一种通过夸张了的比例。而现实生活中人体的比例与夸张了的人体比例存在区别。若以头长为单位,我国正常的人体比例为 7.5 个头长,欧美国家的人体比例为 8.5 个头长。而在我国服装绘画中,人体

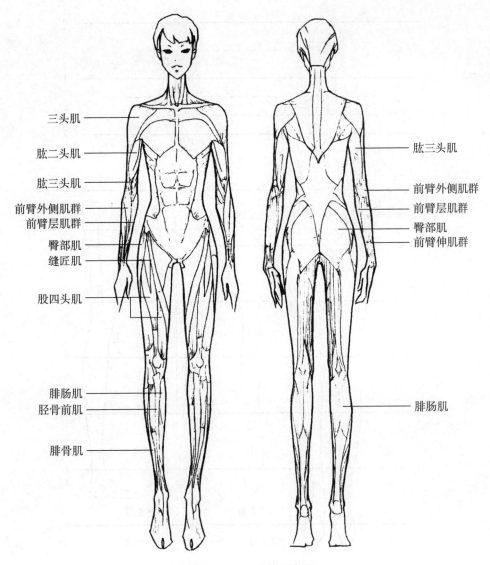

三头肌

肱二头肌

肱三头肌

前臂外侧肌群

前臂层肌群

臀部肌

缝匠肌

股四头肌

腓肠肌

胫骨前肌

腓骨肌

肱三头肌

前臂外侧肌群

前臂层肌群

臀部肌

前臂伸肌群

腓肠肌

图1-1-2　人体肌肉图

比例通常夸张为8.5个头长、9.5个头长,甚至是十几个头长。

3. 人体表现对服装产品的重要性

学习服装绘画的第一步是要正确认识人体。许多刚接触服装绘画的学生都会担心自己缺乏绘画功底而画不好人体结构,其实对这一点大可不必担心。服装绘画并非是纯绘画的创作,在服装绘画中对人体的比例是相当概括性的。

(二) 人体比例

1. 初学者的注意事项

初学者在绘制人体动态时必须要注意人体的比例,养成习惯严格地按照比例来进行绘图。不仅要注意纵向的比例分段,还要注意横向的一些比例。掌握好了这些关系,才能很好地控制人体的高、矮、胖、瘦。

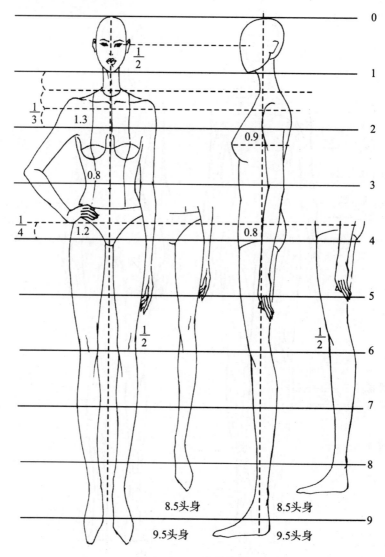

图1-1-3 人体比例

2. 本书以 8.5 头身的成人体为例，进行具体的比例分段（图1-1-3）

第一头身：自头顶到下颌；

第二头身：自下颌底到乳点以上位置；

第三头身：自乳点以上位置到腰部；

第四头身：自腰部到趾骨联合；

第五头身：自趾骨联合到大腿中部；

第六头身：自大腿中部到膝盖；

第七头身：自膝盖到小腿中上部；

第八头身：自小腿中上部到踝部；

第八头半身：自踝部到地面。

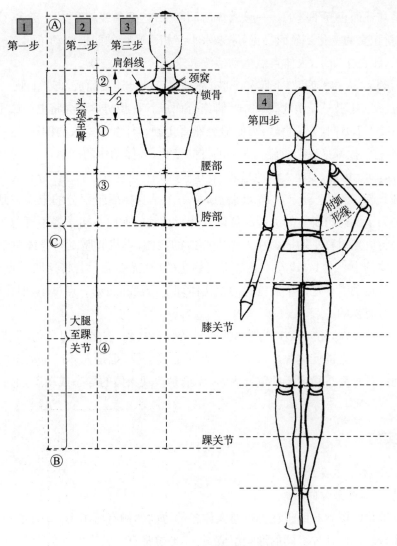

图 1-1-4 人体比例分段

其中,手的长度约等于脸的长度,脚的长度约等于头的长度,上臂为 $1\frac{1}{3}$ 头长,前臂等于头的长度。上肢下垂时手处于大腿的中部,肘关节处于腰部位置。一般而言,成人体肩宽为 1.5~2 个头长,腰部为一个头长,臀部略宽于肩宽。

3. 人体动态

要表现好人体的动态,把人体画"活"起来,需注意以下四点:

(1)一直线:人体有一条无形的中心线(因人体是对称的),当人体产生动作时,其中心线也自然扭动起来。动作越大,中心线弯曲扭动的程度也越大。反之,当人体静止时,这条线自然成直线状态垂直于地面。由此可见,只要借助于这条中心线,即可观察到自己所画的人物是否"动"起来。

(2)二平线:是指连接两肩点的肩线和连接两腰点的"腰线"。当人体静止毫无动作时,这两根线是与地面相互平行的。一旦人体活动起来,这两条线就产生了变化,或平行一致的倾斜,或倾斜相交的变化。显而易见,原来水平又相互平行的两根线动了起来——因为人的肩膀活动了,腰也扭动了,人体自然生动活泼起来。

(3) 三肢段:人体的四肢(上肢和下肢)都是由三部分连接而成,即:上肢——由上臂、前臂、手组合而成。下肢——由大腿、小腿、脚组合而成。有些初学者会将上肢或下肢各自的这三个部分画成一个方向,一条直线,因而显得僵直生硬。仔细观察人的四肢,这三段无时无刻不在运动着,这三段都呈现出明显或微妙的方向变化,人体动作的产生,主要借助于上肢或下肢的变化与运动。因此,要使人体动起来,千万不要将上肢或下肢的三部分画成一条直线。

(4) 四个点:即两个乳点,一个肚脐点,另一个是身体躯干部分的末端。画这四个点的主要目的是为了标志出身体的关键部位以及转折运动的方向。初学者不可忽视这小小的四个点。如果将乳点对称平均地画在人体中心线的两侧,再将肚脐点与身体躯干部分的末端的点画在人体的中心线上,其人体必是正面静止的,毫无动态。若将这四个点朝一侧画去,则人体就扭转运动了。这四个点位置的变化体现了透视和运动。点虽小,但作用却很大,是画人体时不可忽视的。

表现人体的动态,还应该注意脸部朝向的变化,头、颈、肩之间的变化,头与脚之间重心的关系以及两脚姿态的变化等。以上这些方面也很重要,也是人体产生动态的关键(重心:是表现运动中各种姿态稳定感的重要因素,无论是表现人体的静态或动态,都必须使重心保持平衡)。

四、任务实施

(一) 几何体人体姿势的绘制

1. 分解人体各部位的图解

人体各部位的图解有助于让大家对人体各部位的比例有所了解。在了解人体比例之前可以把人体理解成由几种不同的形状组成,每一部位都有它特定的几何图形来表示。

如:可用椭圆形或者鸭蛋形来表达头部,用圆柱形来表达颈部,用倒梯形来表达胸腔,用梯形来表达腹腔,用圆柱形来表达四肢,用圆形来表达关节连接处(图1-1-5)。这样就把原来感觉非常复杂的人体简单化了。

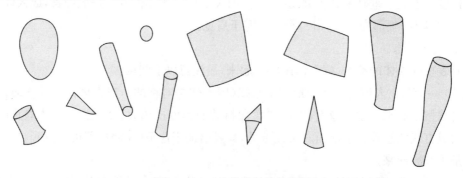

图1-1-5 人体各部位的图解

2. 准备绘图工具

(1) 准备一个不小于 8 开的画板,并准备一些 A4 纸或者是 8 开的卡纸;

(2) 准备几支铅笔(可以是 HB、B、2B 或者 0.5 自动铅笔);

(3) 准备一块橡皮,但是尽量少用;

(4) 准备一根尺子(仅限初学者使用,等画熟练了可以慢慢脱离)。

3. 绘制步骤

(1) 以 8.5 头身的正面女人体姿势为例,合理构图。先画出中心线,并按照具体的比例分段绘制出辅助线(图 1-1-6)。

(2) 由头顶至下颌绘制出女人体的头,注意要画出上圆下尖的鹅蛋形(图 1-1-6)。

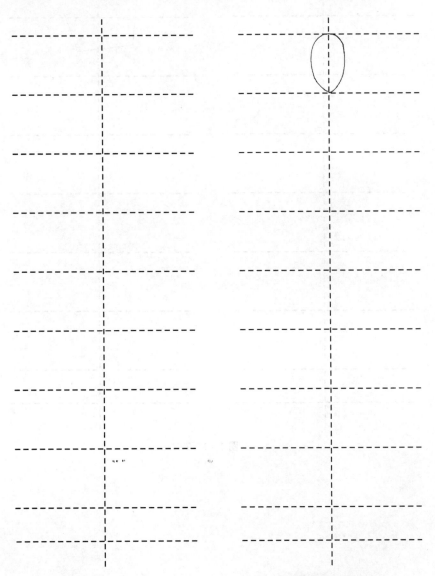

图 1-1-6～图 1-1-11　正面女人体几何体姿势绘制步骤

（3）绘制出圆柱形的脖子,注意其比例大约是在第二头身的1/2处(图1-1-7)。

（4）用倒梯形绘制出女人体的胸腔,长度大约是1.3～1.5头身,宽度大约为1.2头身左右(图1-1-7)。

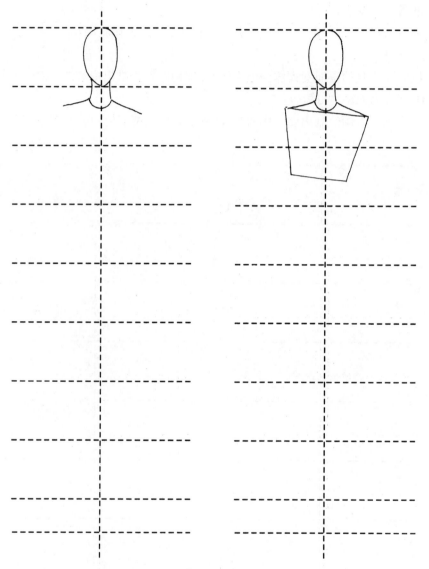

图1-1-7

（5）用正梯形绘制出女人体的腹腔,长度大约为 0.8 头身至 1 个头身,宽度基本与肩同宽(图 1-1-8)。

（6）用两条弧线把女人体的胸腔和腹腔连接起来(图 1-1-8)。

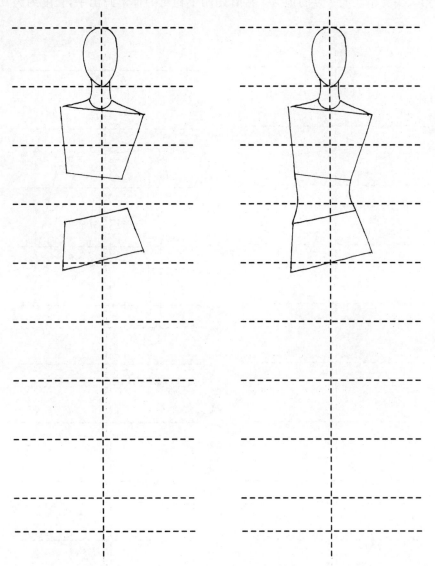

图 1-1-8

（7）用圆柱形绘制出女人体的上臂，长度大约为1.2头身左右。注意手臂与肩的连接处用圆形来表示（图1-1-9）。

（8）用圆柱形绘制出女人体的前臂，长度大约为一个头身。注意肘部处用圆形连接，并大约处于第三头身稍往上一点的地方。接着用两个相对的梯形画出手，长度约为0.8头身（图1-1-9）。

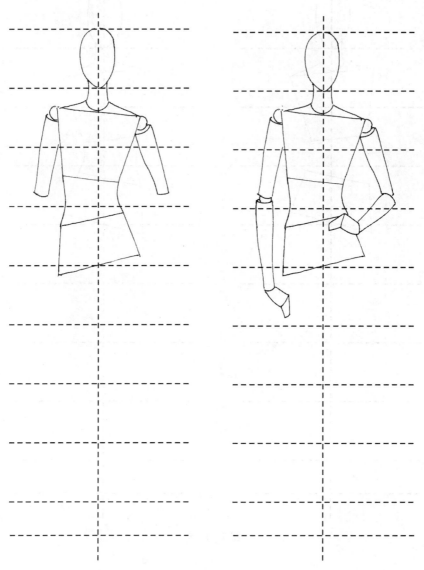

图1-1-9

（9）用几何形圆柱形绘制出女人体的大腿部分，基本上长度控制在两个头身左右（图 1 - 1 - 10）。

（10）用圆柱形绘制出女人体的小腿部分，长度大约在两个头身左右。与大腿的连接用圆形来表示，并大约处于第六头身的辅助线处（图 1 - 1 - 10）。

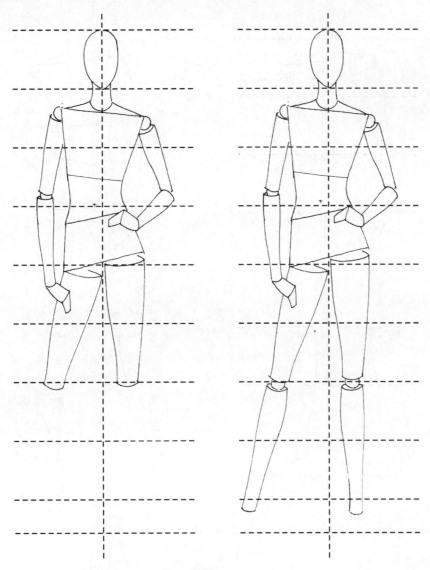

图 1 - 1 - 10

（11）大约用0.5个头身绘制出脚的部分，并最后进行线条以及比例等调整（图1-1-11）。

（12）最后，擦掉所有的辅助线并完成（图1-1-11）。

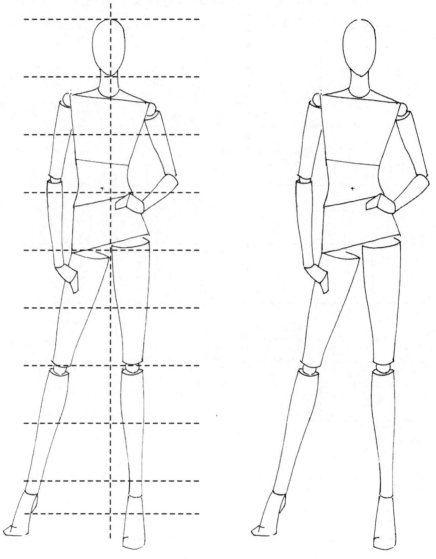

图1-1-11

4．实训项目

（1）比较8.5头身高和9.5头身高女人体的区别，并指出区别两者之间最主要的关键部位。

（2）绘制一个9.5头身高的女人体的几何人体姿势。

（二）正面姿势肌肉女人体的绘制

1．画服装画人体应该要注意以下几点

（1）人体姿势的动态表达一定要准确；

（2）跟素描人体要有区别，尽量用一条最准确的线来表达。千万不要让线条重复出现，尽量做到人体线条的干净利落；

（3）注意处理好身体的扭转，各个部位连接和比例的线条。

2. 不同姿势的女人体分析、比较

3. 绘制步骤

（1）以 9.5 头身的正面肌肉女人体姿势为例，合理构图。先画出中心线，并按照具体的比例分段绘制出辅助线（图 1-1-12）。

（2）由头顶至下颌绘制出女人体的头，注意要画出上圆下尖的鹅蛋形（图 1-1-12）。

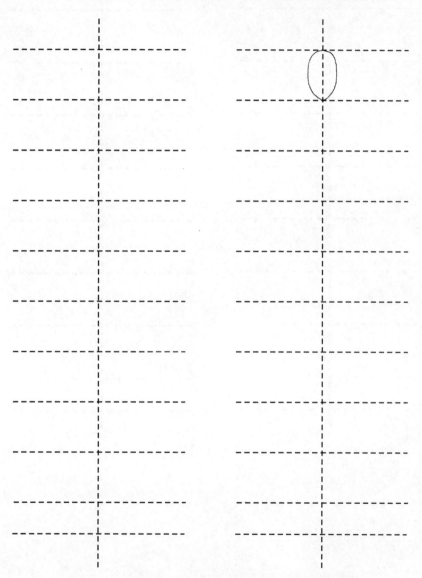

图 1-1-12～图 1-1-20　正面姿势肌肉女人体绘制步骤

（3）绘制出头部的五官,注意三庭五眼的比例(图1-1-13)。

（4）绘制出圆柱形的脖子,注意其比例大约是在第二头身的1/2处(图1-1-13)。

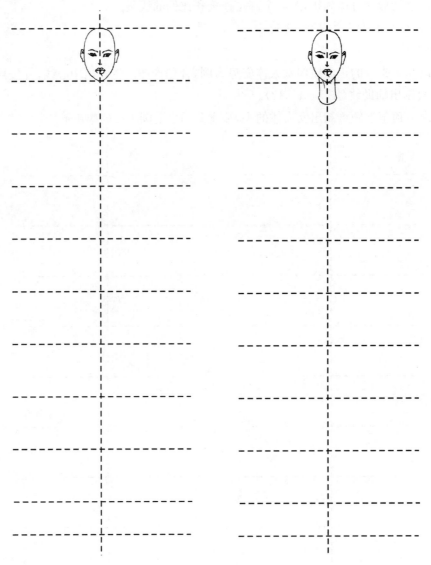

图 1-1-13

(5) 在第二个头身的1/2处绘制出女人体的肩部，宽度大约为1.3头身。注意一定的斜度(图1-1-14)。

(6) 刻画出女人体的锁骨(图1-1-14)。

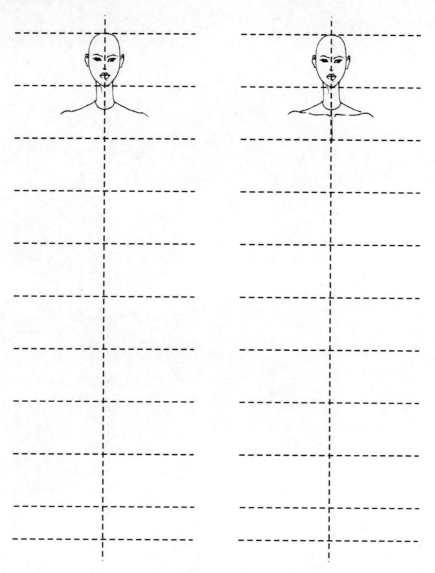

图1-1-14

（7）绘制出女人体的胸腔，长度大约是1.3～1.5头身，宽度大约为1.2头身左右（图1-1-15）。

（8）绘制出女人体的胸部，注意胸部要画得坚挺，要体现女性的曲线美（图1-1-15）。

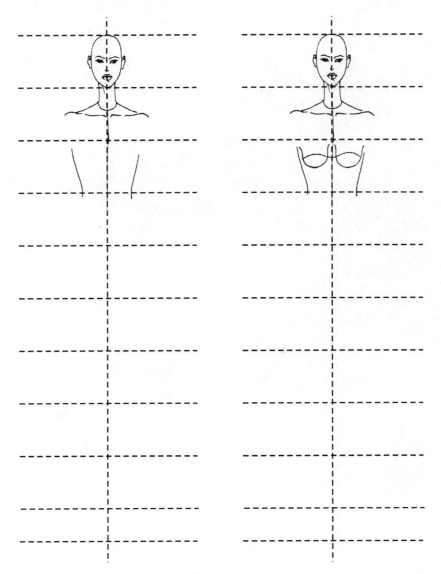

图 1-1-15

（9）绘制出女人体的腹腔，长度大约为0.8～1个头身，宽度基本与肩同宽（图1-1-16）。

（10）根据女人体的特征画出辅助线，注意透视关系（图1-1-16）。

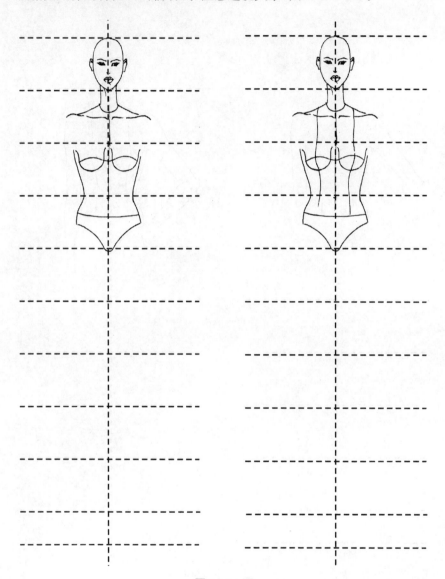

图1-1-16

（11）绘制出女人体的上臂，长度大约为 1.2 头身左右。注意处理好肩胛骨与肩部的关系，手臂自然下垂时肘部大概在腰部的位置（图 1-1-17）。

（12）绘制出女人体的前臂，长度大约为一个头身（图 1-1-17）。

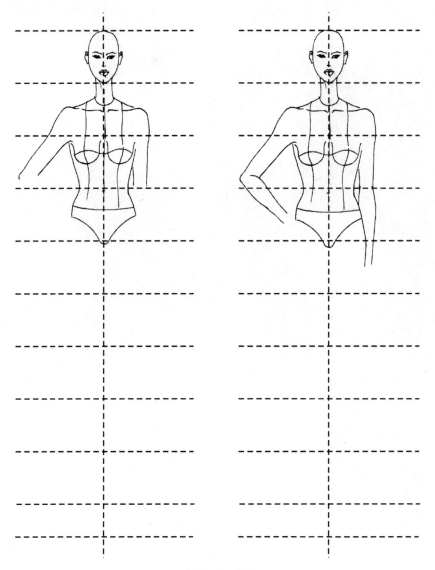

图 1-1-17

（13）接着，大约用0.8个头身绘制出手。注意手指部分略长于手掌部分，以突出女性手的纤细美。手自然下垂时大约在大腿的中上部（图1-1-18）。

（14）制出女人体的大腿部分，基本上长度控制在两个头身左右（图1-1-18）。

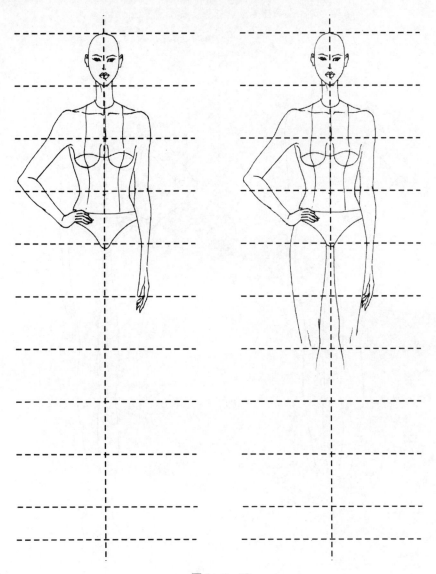

图1-1-18

（15）绘制出女人体的小腿部分，长度大约在两个头身左右（图1-1-19）。

（16）大约用0.5个头身绘制出脚的部分，最后对线条以及比例等进行调整（图1-1-19）。

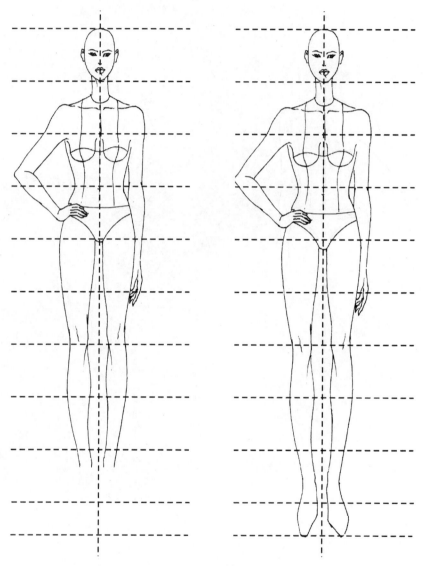

图 1-1-19

（17）最后，擦掉所有的辅助线即绘制完成（图 1 - 1 - 20）。

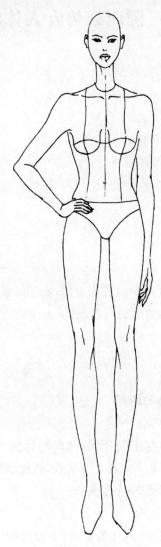

图 1 - 1 - 20

任务 2　侧面姿势女人体的绘制

一、学习目标

通过本任务学习，达到以下目标：

1. 能进行侧面人体动态几何体的绘制；
2. 能进行侧面肌肉人体动态的绘制。

二、任务描述

本任务主要在于让学生掌握正确的人体比例，能了解服装与人体之间的关系。引导学生对正常女人体与绘画女人体的特征进行分析，在此基础上进行侧面姿势女人体的绘制。

三、知识介绍

（一）正侧面姿势肌肉女人体的绘制

1. 侧面人体与正面人体的区别

侧面人体的 9.5 头身的分布与正面相同，侧面的比例主要体现在各部位的厚度不同。女性侧面胸的厚度为正面胸宽的 2/3 或是 4/5 头长，侧面腰部的厚度为 3/4 头长，侧面臀部的厚度略小于侧面胸的厚度，侧面脚略小于头长。

2. 绘制步骤

（1）以 9.5 头身的正侧面肌肉女人体姿势为例，合理构图。先画出中心线，并按照具体的比例分段绘制出辅助线（图 1-2-1）。

（2）由头顶至下颌绘制出女人体的头，注意要画出上圆下尖的鹅蛋形（图 1-2-1）。

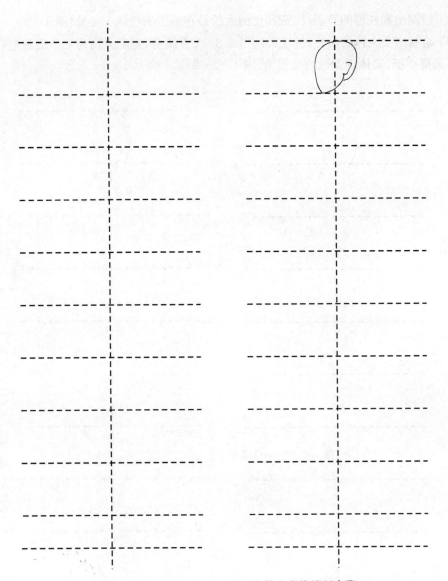

图 1-2-1~图 1-2-6 侧面姿势女人体绘制步骤

（3）绘制出圆柱形的脖子，注意其比例大约是在第二头身的 1/2 处（图 1-2-2）。

（4）绘制出女人体的胸腔，长度大约是 1.3～1.5 头身，宽度大约为 1.2 头身左右。注意胸部要画得坚挺，要体现女性的曲线美（图 1-2-2）。

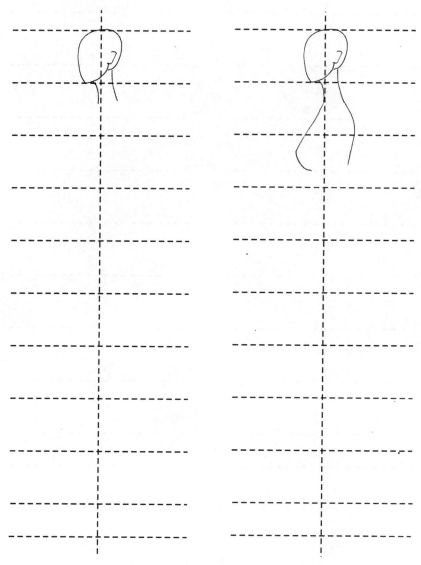

图 1-2-2

（5）绘制出女人体的腹腔，长度大约为0.8～1个头身，宽度基本与肩同宽。注意上腹部与小腹之间的连接，表现出肚脐的凹势（图1-2-3）。

（6）绘制出女人体的上臂，长度大约为1.2头身左右。注意处理好肩胛骨与肩部的关系，手臂自然下垂时肘部大概在腰部的位置（图1-2-3）。

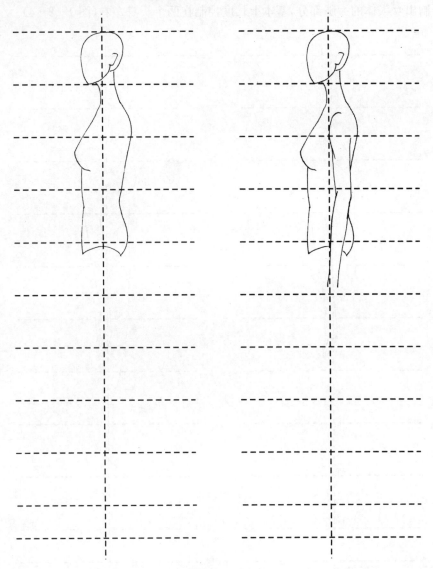

图1-2-3

(7) 绘制出女人体的前臂,长度大约为一个头身。注意手腕大约至第五个头身处(图1-2-4)。

(8) 大约用0.8个头身绘制出手。注意手指部分略长于手掌部分,以突出女性手的纤细美(图1-2-4)。

(9) 制出女人体的大腿部分,基本上长度控制在两个头身左右(图1-2-4)。

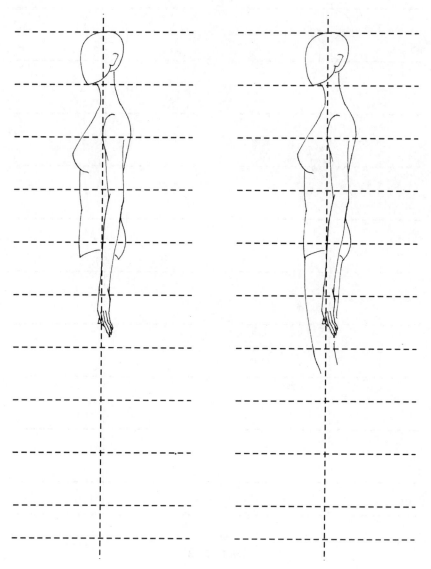

图1-2-4

（10）绘制出女人体的小腿部分，长度大约在两个头身左右。注意小腿肚的最大突出在第八头身，脚踝大约处于第九头身的辅助线处（图1-2-5）。

（11）大约用0.5个头身绘制出脚的部分，最后对线条以及比例等进行调整（图1-2-5）。

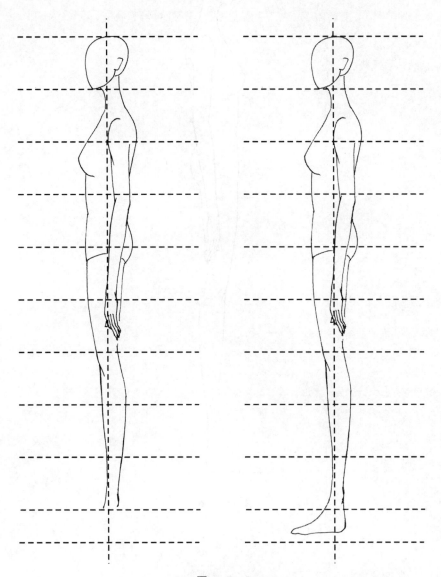

图1-2-5

（12）最后,擦掉所有的辅助线并完成(图 1-2-6)。

图 1-2-6

（二）3/4 侧面姿势肌肉女人体的绘制

1. 3/4 侧面人体姿势与正侧面人体姿势的区别

3/4 侧面女人体姿势用得比较普遍，因其动态姿势能很好地表达服装的款式。而正侧面基本上用的不多，因为侧面人体比较难表达。

2. 3/4 侧面女人体动态绘制步骤

（1）以 9.5 头身的 3/4 侧面肌肉女人体姿势为例，合理构图。先画出中心线，并按照具体的比例分段绘制出辅助线（图 1－2－7）。

（2）由头顶至下颌绘制出女人体的头，注意要画出上圆下尖的鹅蛋形（图 1－2－7）。

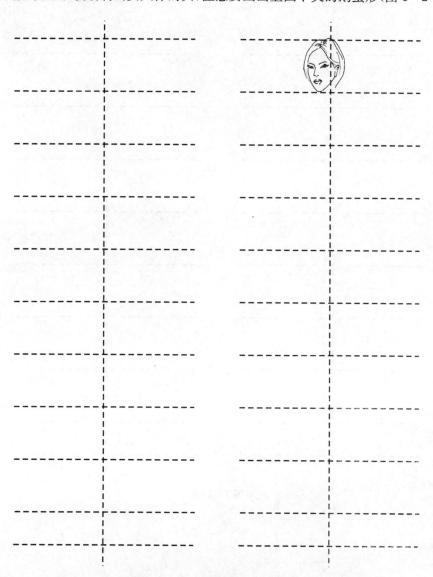

图 1－2－7～图 1－2－13 3/4 侧面姿势肌肉女人体绘制步骤

（3）绘制出圆柱形的脖子,注意其比例大约是在第二头身的 1/2 处(图 1-2-8)。

（4）在第二头身的 1/2 处绘制出女人体的肩部,宽度大约为 1.1～1.2 头身。注意透视角度的关系,注意动作形成的肩部角度(图 1-2-8)。

（5）刻画出女人体的锁骨(图 1-2-8)。

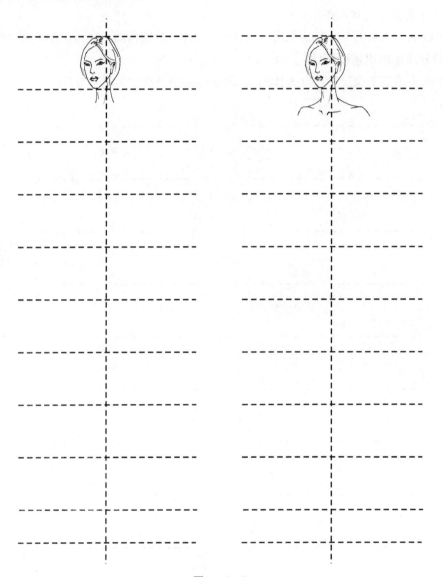

图 1-2-8

　　(6) 绘制出女人体的胸腔,长度大约是 1.3~1.5 头身,宽度大约为 1.2 头身左右。注意侧面胸型,要体现女性的曲线美(图 1-2-9)。

　　(7) 绘制出女人体的腹腔,长度为 1~1.2 个头身,注意胸腔与小腹之间的连接线,这是表现出女人曲线的关键(图 1-2-9)。

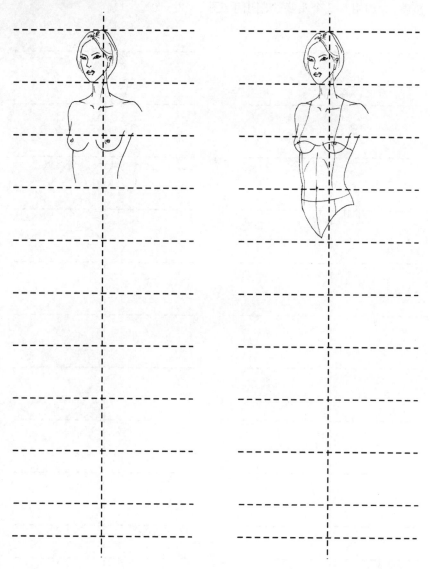

图 1-2-9

（8）绘制出女人体的上臂，长度大约为1.2头身左右。注意处理好肩胛骨与肩部的关系，手臂自然下垂时肘部在腰部的位置（图1-2-10）。

（9）绘制出女人体的前臂，长度大约为一个头身。注意手腕大约至第五个头身（图1-2-10）。

（10）接着，大约用0.8个头身绘制出手（图1-2-10）。

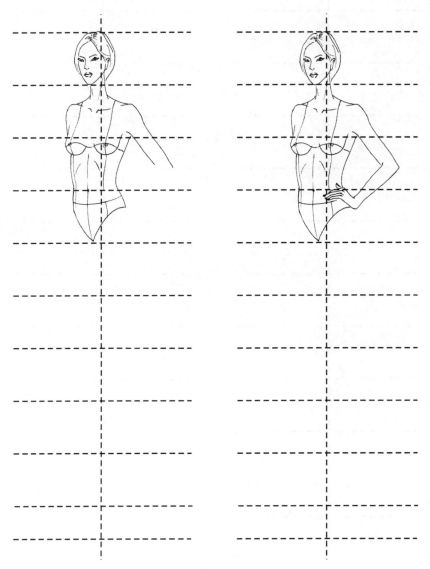

图1-2-10

（11）绘制出女人体的大腿部分，基本上长度控制在两个头身左右（图1-2-11）。

（12）绘制出女人体的小腿部分，长度大约在两个头身左右。注意小腿肚的最大突出在第八头身，脚踝大约处于第九头身的辅助线处（图1-2-11）。

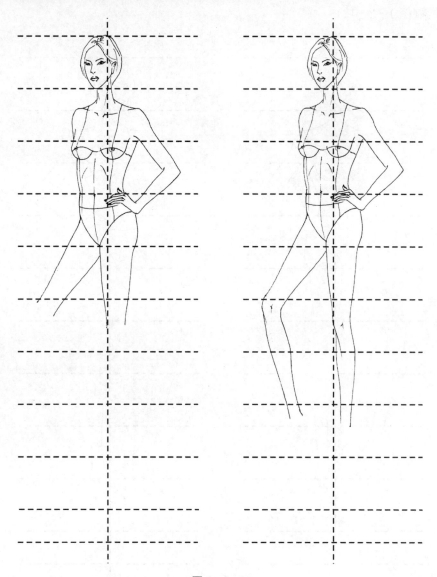

图1-2-11

（13）大约用0.5个头身绘制出脚的部分，最后对线条以及比例等进行调整（图1-2-12）。

（14）绘制出鞋子的造型，画脚时更多的是画鞋的造型，因此，要注意脚与鞋之间内在的结构和关系（图1-2-12）。

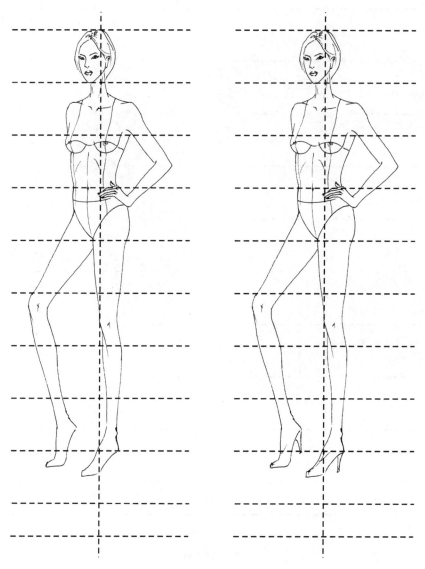

图1-2-12

（15）最后,擦掉所有的辅助线即绘制完成(图 1 - 2 - 13)。

图 1 - 2 - 13

任务3 着装女人体姿势的绘制

一、学习目标

通过本任务学习，达到以下目标：
1. 了解服装与人体的关系；
2. 能进行着装女人体动态几何体的绘制；
3. 能进行着装女人体动态的绘制。

二、任务描述

本任务主要在于让学生掌握正确的人体比例，能了解服装与人体的关系。引导学生对正常女人体与绘画女人体的特征进行分析，在此基础上进行着装女人体姿势的绘制。

三、任务实施

人体与服装的关系

人体是服装造型的基础，纵然服装款式千变万化，最终还要受到人体的局限。不同地区、不同年龄、不同性别人的体态骨骼不尽相同，服装在人体运动状态和静止状态中的形态也有所区别，因此只有深切地观察、分析、了解人体的结构以及人体在运动中的特征，才能利用各种艺术和技术手段使服装艺术得到充分的发挥。它对服装造型有一定的限定作用，其限定作用一般表现为两个方面：一是人体对服装的支撑作用；二是人体的基本形、结构和运动规律限定服装的造型。

1. 着装人体的表现方法
（1）选择合适的人体姿势；
（2）确定服装的外轮廓形状；
（3）在服装人体的基础上描绘服装；
（4）根据各个辅助线对服装的细节进行绘制。

2. 绘制步骤
（1）根据构图的需要，以9.5头身的人体动态为例，在纸的上下各画出一条线作为天和地。由于视觉效果的需要，地留出的位置略比天要多一点。然后，将这条线进行9等分（图1-3-1）。

（2）依照所选择的人体姿态的特征，并按照每段的比例分段先将人体绘制出来（图 1 -
3 - 1）。

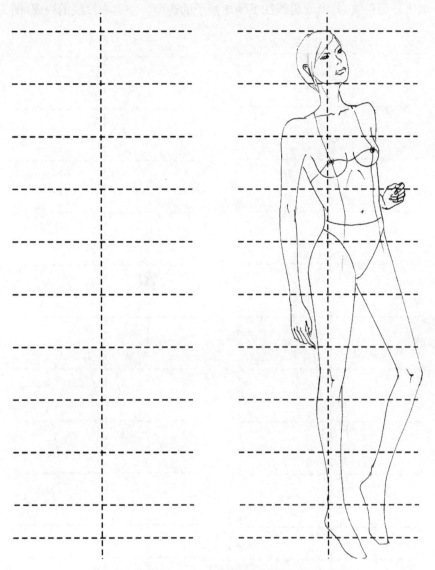

图 1 - 3 - 1～图 1 - 3 - 8　着装女人体姿势绘制步骤

（3）颈部为圆柱体，且后颈根比前颈根要高。符合脖子的圆柱体结构，所以将领子以弧线来表示（图1-3-2）。

（4）画出外侧领线，并沿着肩线往下画出袖子的造型。注意衣纹线的表现（图1-3-2）。

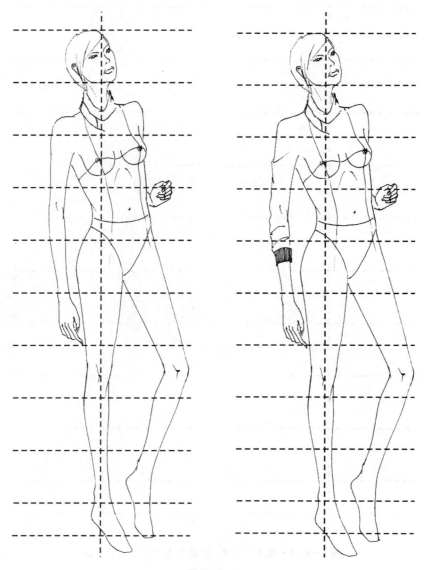

图1-3-2

（5）绘制出袖窿弧线以及内部的褶纹线（图1－3－3）。

（6）以人体的中心线作为参考，确定服装门襟的中心线。并绘制出右半边服装大身的轮廓线（图1－3－3）。

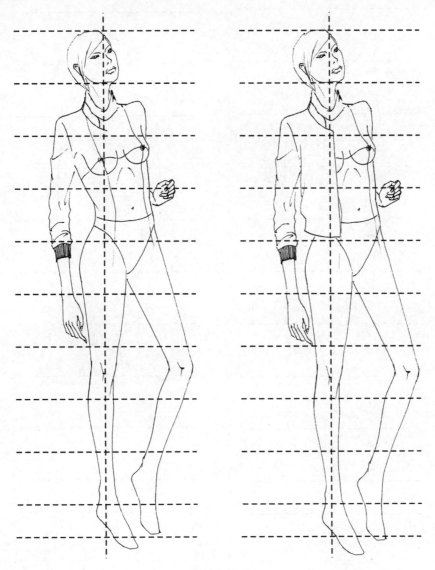

图1－3－3

（7）绘制出右半边服装的内部造型以及下摆边的罗纹口（图1-3-4）。

（8）根据人体的姿势，以中心线为基准线绘制出左半边服装大身的轮廓线（图1-3-4）。

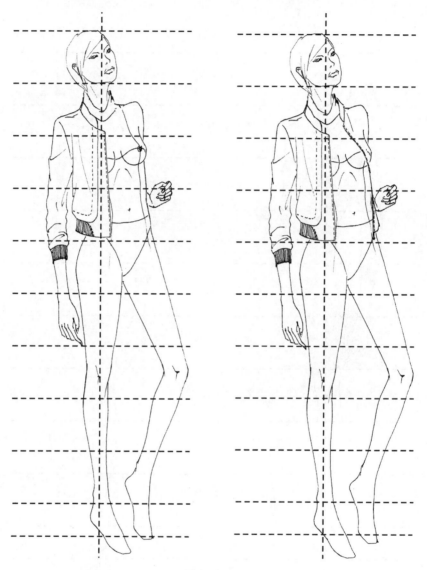

图1-3-4

（9）绘制出挎包的肩带，注意与手的透视关系（图1-3-5）。

（10）将里面内搭的T恤衫描绘出来，略微带点衣纹线以增加服装的生动感（图1-3-5）。

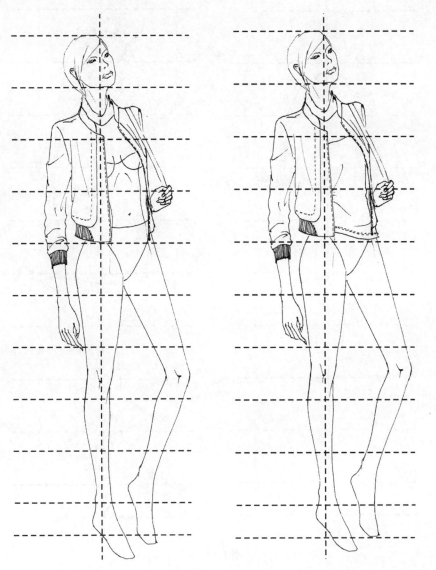

图1-3-5

（11）和绘制上装一样，先绘制出右半边的裙子造型（图1-3-6）。

（12）接着，将两外一边的裙片表达完整。注意褶纹线的处理（图1-3-6）。

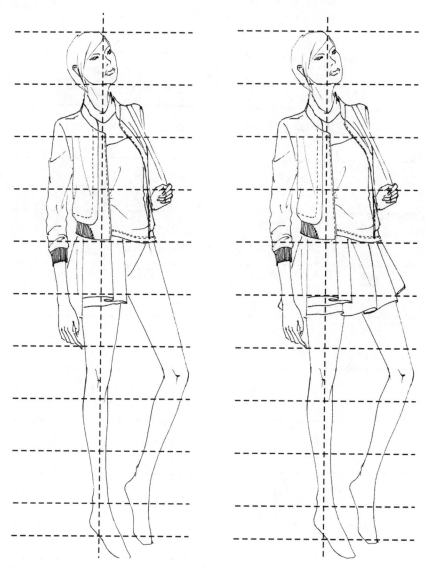

图1-3-6

（13）基于腿部的基本型绘制出紧身底裤，并将右脚的鞋子表现出来（图1-3-7）。

（14）根据脚部的动姿，将左脚所穿的鞋子画完整（图1-3-7）。

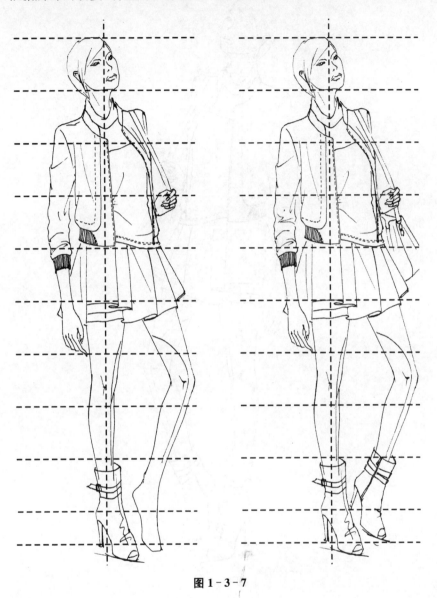

图1-3-7

（15）最后,擦掉所有的辅助线并修整好所有线条(图1-3-8)。

图1-3-8

四、技能实训

实训一:临摹女人体的动态(图 1 - 3 - 9)

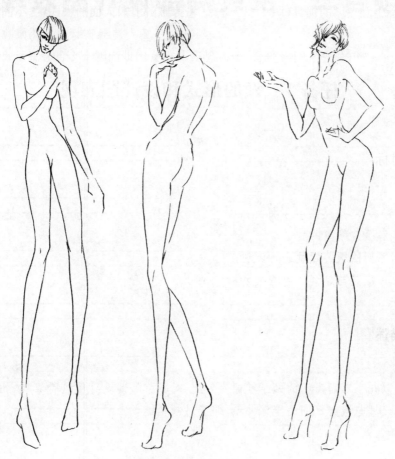

图 1 - 3 - 9　女人体动态

1. 实训目的

掌握各种女人体动态绘制的分解步骤。

2. 实训要求

(1)能够正确分析人体动态姿势,正确合理地分析出结构比例特点。

(2)能够准确地分析款式,制订详细的款式绘制操作步骤。

(3)能够正确地进行人体动态绘制,合理完成全部内容的绘制。

(4)能够进行合理的构图,动态的比例结构准确,线条随意流畅。

项目二　女装局部设计图表现

任务1　领的形式和设计图表现

一、学习目标

通过本任务学习,达到以下目标:
1. 能了解服装领型的种类;
2. 能对不同的服装领型进行表现;
3. 能了解服装与领型之间的关系。

二、任务描述

　　本任务以几个不同类型的领子零部件为例,对服装局部设计图进行表现。主要在于让学生能了解领型与服装之间的整体关系,并能对领型进行表现。

三、知识介绍

　　(一)衣领在服装上的作用

　　衣领是服装上至关重要的一个部分,式样繁多,极富变化。它是组成服装最主要的零部件之一。衣服包括领线与领型两个部分,其构成因素主要有:领线形状、领座高度、翻折线的形态、领轮廓线的形状以及领尖修饰等,绘制时必须抓住这些方面。

　　衣领是突出款式的最重要部分,因为它非常接近人的面部,处在视觉中心。所谓"提纲挈领",正是道明了领子是衣服的关键。

　　(二)衣领的各部位名称(图2-1-1)

　　与领子相关的名称有很多,如:领座、领面、领贴、领上口线、领下口线、驳头、翻折线、外领口线等等(图2-1-1)。

　　1. 绘制领型的要素分析

　　领线的形状、领座的高低、翻折线的特点、领轮廓线的造型、领尖的修饰、领型的宽度、领

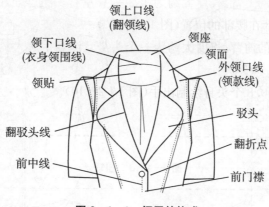

图 2-1-1　领子的构成

面的装饰。

2. 决定衣领外观的几个方面

（1）领围线到颈根的距离；

（2）领座的高低；

（3）翻领的领深与领型（领面的形状）；

（4）驳领的大小和形状。

（三）衣领的分类

1. 根据领型的变化方式进行分类

服装的衣领主要分为有领与无领两大类。有领的可分为关门领（如立领、翻领）和开门领（如驳领）。无领衣领变化丰富、结构简单、成本低、效果多样化，无领的衣领只有领线而没有领面（如圆领、一字领、V字领、方形领等），有领的衣领既有领线，又有领面（如立领、翻领、坦领、驳领等）。

（1）圆领

圆领简洁大方、自然方便，可进行各种装饰。如包边、加牙等（图2-1-2）。

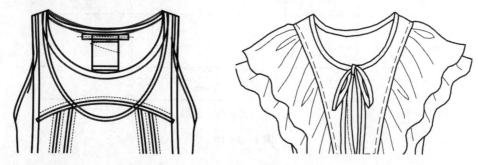

图 2-1-2　圆领

设计要点：为关门领所用的领围线，设计必须符合颈部的结构特征（图2-1-3）。

（2）一字领：船型领围线

一字领的领口是横向的一字线型的领子，最能显出迷人的肩部线条（图2-1-4）。

图 2-1-3　圆领

图 2-1-4　一字领

（3）方形领

方形领高贵大方,并可根据整体风格需要来调节方形的大小以及长短。小领口给人年轻、活泼的感觉,大领口给人高贵、典雅的感觉,方形领不适于脸形丰满的人(图 2-1-5)。

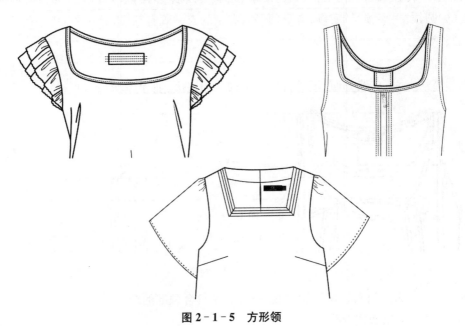

图 2-1-5　方形领

（4）Ｖ字领

领围线形同 V 字，多用于毛衣、马甲、衬衫、贴身的内衣等（图 2-1-6）。Ｖ字领给人的感觉庄重、严谨、富于变化。

Ｖ字领充分展示面部及颈部、修饰脸型。不适合领部较长及长脸型的人。

图 2-1-6　V 字领

（5）立领

立领是领型中较为简单的领子，也是比较基础的领型。立领的外观主要受领底线和领高的影响，是中式服装中常用的领型（图 2-1-7）。

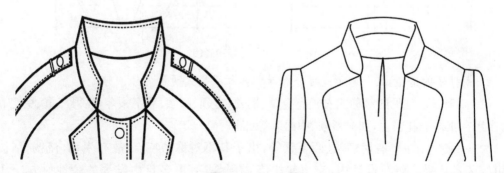

图 2-1-7　立领

立领是领面向外翻摊的一种领型,可以分为单立领和立翻领。立领给人挺拔感,造成视错觉,给人以人体拉长的效果。种类包括:领口向颈部倾斜、领口向外部倾斜和卷领三类。具有柔和的感觉;开口可分为中开、侧开、后开等。

(6)翻领

翻领是以领座和领面组合的领型,包括企领、平领、驳领等。平领的领座和领面由一片面料组成,领座很小,几乎没有。常用在夏装、童装、便装上。例如海军领、荷叶领等。驳领以西装领作为基础,由驳领和翻领组成,是对驳领、西服领、青果领、戗驳领等的统称,它是使用范围最广、变化最为丰富的领型。常用于西服套装、外套、风衣、大衣、制服等。

翻领是领面向外翻摊开的一种领型,有两种形式:加底领和不加底领。平领的外形设计可依据设计者的意图自行设计。一般来说,领子应平贴于衣身,所以平领的领角线应随衣片领窝的形状而变化(图 2-1-8)。

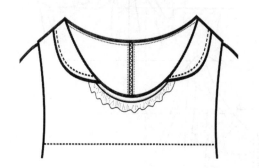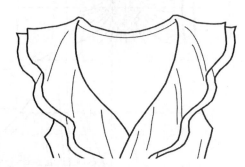

图 2-1-8　翻领

还有一种是加领底的,有企领、驳领等(图 2-1-9)。

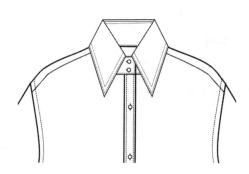

图 2-1-9　企领和驳领

2. 根据领的造型,其基本形式可分为对称式和平衡式两种

(1)对称式:常见的对称式衣领有企领、平领、方领、圆领、V 字领等,显得庄重、稳定、严整,多用在正规的礼服上,如衬衫领、中山装等(图 2-1-10)。

(2)平衡式:主要有对襟领、西装领等,由于其不对称的特点,故有生动、流畅、活泼、自由等艺术效果。而在设计中,它也较少有局限性,有更多自由发挥的余地(图 2-1-11)。

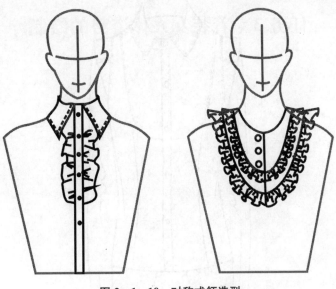

图 2 - 1 - 10　对称式领造型

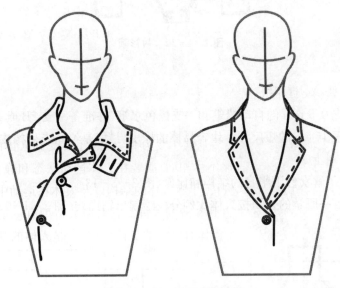

图 2 - 1 - 11　平衡式领造型

四、任务实施

（一）衬衫领的绘制

1. 衬衫领的概念

衬衫领属于企领，企领是以立领为领座、翻领为领面所组成的领子。外观上接近立领，庄重、精致。常用的有衬衫领、中山装领等（图 2 - 1 - 12）。

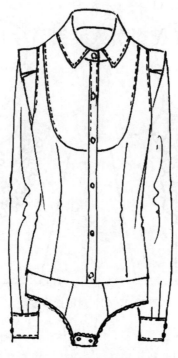

图 2-1-12 衬衫领

2. 工具准备

(1) 准备 20 张 A4 打印纸;

(2) 准备一支 0.5 mm 的自动铅笔和一支黑色水笔,并准备一支 2B 或 HB 的铅笔;

(3) 准备一根 15 cm 的短尺和一块容易擦的橡皮(最好是绘图专用橡皮)。

3. 衬衫领绘制步骤

(1) 首先,要了解女性下半身的结构和比例(图 2-1-13)。

(2) 根据项目一所学的知识按人体比例分段绘制出辅助线(图 2-1-13)。

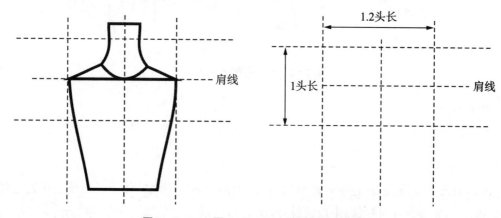

图 2-1-13～图 2-1-18 衬衫领绘制步骤

（3）首先，绘制出领子的领上口线（图 2-1-14）。

（4）接着，绘制出领座的左右两条外侧领线，根据领型顺着脖子往下画，与肩线的距离以面料的厚薄而定（图 2-1-14）。

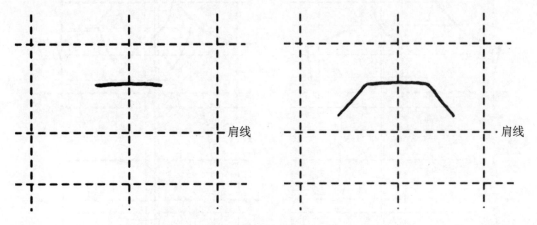

图 2-1-14

（5）以中心线为基准，绘出左右对称的两条肩线（图 2-1-15）。

（6）顺着肩线略微表示一下袖窿的位置（图 2-1-15）。

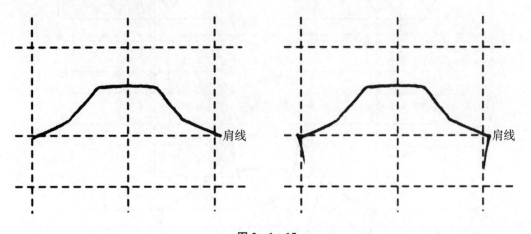

图 2-1-15

（7）根据领深和领高绘制出两条左右对称的翻折线，注意翻折线要与人体脖颈的弧度相吻合（图 2-1-16）。

（8）找到合适的领面的大小位置，绘制出外领口线（图 2-1-16）。

（9）参考领面的宽度，略微比领面窄一点，并在合适的位置绘制出下领口线（图 2-1-17）。

（10）别忘了画上衬衫的领底线，略微表示一下门襟线的位置（图 2-1-17）。

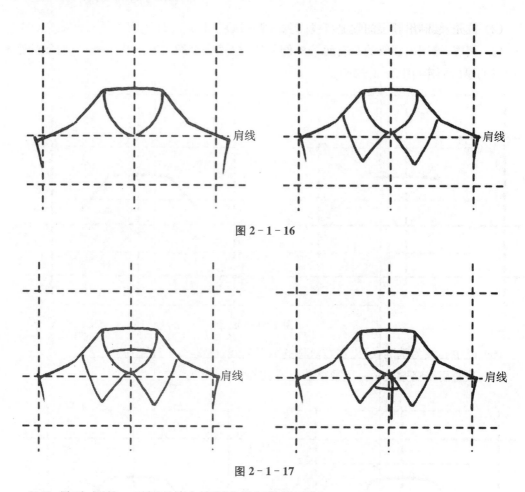

图 2-1-16

图 2-1-17

（11）最后，调整一下领型并去掉所有的辅助线（图 2-1-18）。

图 2-1-18

（二）驳领的绘制

1. 驳领的概念

驳领是服装结构设计中用途最广、技术性最强、结构最复杂的一种领型，其结构设计过程主要包括领窝、驳头、翻领领片三个部分。设计的难点是翻领领片的倒伏量（翻领松度）的设计。

2. 工具准备

(1) 准备 20 张 A4 打印纸；

(2) 准备一支 0.5 mm 的自动铅笔和一支黑色水笔,并准备一支 2B 或 HB 的铅笔；

(3) 准备一根 15 cm 的短尺和一块容易擦的橡皮(最好是绘图专用橡皮)。

3. 驳领绘制步骤

(1) 首先,要了解女性下半身的结构和比例(图 2-1-19)。

(2) 根据项目一所学的知识按人体比例分段绘制出辅助线(图 2-1-19)。

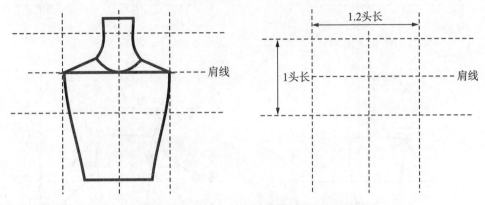

图 2-1-19～图 2-1-23　驳领的绘制步骤

(3) 绘制出领子的领上口线(图 2-1-20)。

(4) 绘制出领座的左右两条外侧领线,根据领型顺着脖子往下画,与肩线的距离以面料的厚薄而定(图 2-1-20)。

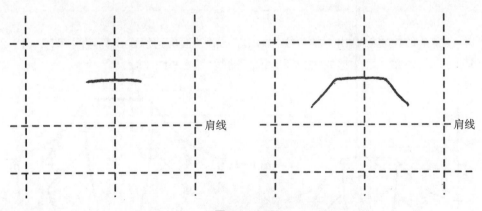

图 2-1-20

(5) 以中心线为基准,绘出左右对称的两条肩线(图 2-1-21)。

(6) 顺着肩斜略微表示一下袖窿的位置,并绘制出翻折线(图 2-1-21)。

(7) 找到合适的领面大小与位置,绘制出右边的外领口线(图 2-1-22)。

(8) 同样的方法绘制出左边的外领口线,注意表现出右边领面压住左边领面的穿着方式(图 2-1-22)。

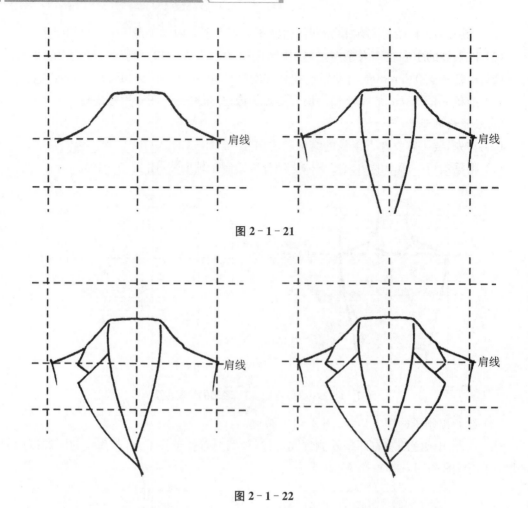

图 2 - 1 - 21

图 2 - 1 - 22

（9）在合适的位置绘制出下领口线，并用虚线沿领面的边缘画出缝迹线（图 2 - 1 - 23）。
（10）最后，调整一下领型并去掉所有的辅助线（图 2 - 1 - 23）。

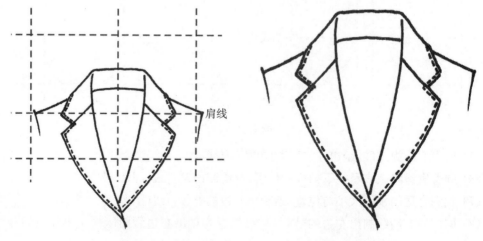

图 2 - 1 - 23

五、技能实训

实训一：临摹时尚款式的领型绘制步骤(图 2 - 1 - 24)

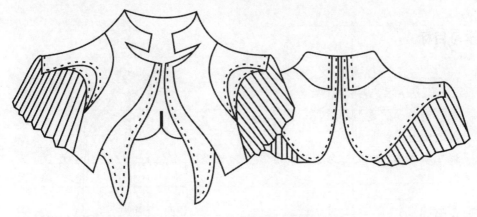

图 2 - 1 - 24 时尚款式领型

1. 实训目的

掌握领型绘制的分解步骤。

2. 实训要求

(1) 注意款式的比例结构,线条流畅美观;

(2) 线迹均匀,横平竖直,弧度圆润,注重对称感;

(3) 用粗实线表现服装的外轮廓线,用细实线表现服装的内部造型线(如省道、分割线和装饰线等),注意用虚线来表示缝迹线。

任务 2　袖子的形式和设计图表现

一、学习目标

通过本任务学习,达到以下目标:

1. 能了解袖子的造型和种类;
2. 能表现不同的袖型;
3. 能了解服装与不同袖型之间的关系。

二、任务描述

本任务以几个不同类型的袖子零部件为例,对服装局部设计进行表达。了解袖子是服装中覆盖人体上肢的重要部位;了解袖子与服装之间的整体关系,并能对袖子进行表现。

三、知识介绍

(一) 袖子对于服装的作用

袖子是服装的三大基本部件之一,在服装造型设计中占有重要的地位,它是根据人体上肢结构及运动机能来造型的。设计时主要考虑季节的需要和服装整体造型的协调。为了突出严谨大方的风格,一般选用装袖。为了表现轻松温和,一般选用连袖,同时也常用灯笼袖表现可爱、轻松,用喇叭袖表现凉爽与优雅。

由于手臂是身体活动的主要部分,因此袖子是上衣类服装中活动频率最高、使用率最大的部位,所以袖子的功能性设计是服装设计中的一个重点,袖子的舒适度在很大程度上决定了服装的品质。

(二) 袖子的种类

袖型的变化包括袖口的大小、宽窄、粗细和袖口形状的变化,尽管局部的领和袖的装饰变化很多,但都要统一于服装整体的变化中。

1. 按裁片分:一片袖、两片袖、三片袖、多片袖;
2. 按长短分:长袖、短袖、七分袖、无袖;
3. 按形态分:喇叭袖、羊腿袖;
4. 按服装的种类分:大衣袖、西装袖、T 恤袖、衬衫袖;
5. 按装接方法分:插肩袖、连袖、装袖、组合袖。

袖子的造型千变万化各具特色,可以概括为以下几种主要类型:

1. 连身袖

这是最早出现的袖型,特点是没有袖窿线,与主体衣身连在一起(如蝙蝠袖)。我国古代服装和传统服装多采用这种袖型,所以连身袖又称中式袖,带有极强的东方文化特征(图2-2-1)。随着东西方文化的融合,在西方设计师的作品中,也经常可以看到连身袖(图2-2-2)。

图2-2-1 东方风格连身裙

图2-2-2 西方风格连身裙

2. 平袖

平袖有时候也把它称为落肩袖,袖子与主体衣身是分开的,平袖一般用于衬衫、夹克、大衣等造型中(图2-2-3)。

3. 圆袖

也称西服袖。多用于西服、大衣中。圆袖的袖窿和袖子是按照人体臂膀和腋窝的形状设计的。其袖山的高低和袖根的肥瘦均有较严格的尺寸范围(图2-2-4)。

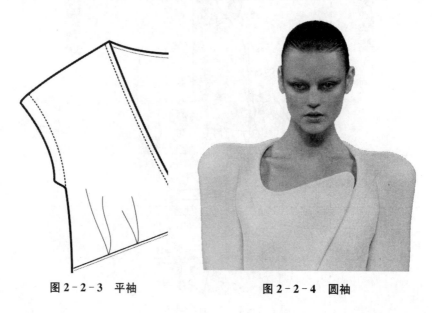

图2-2-3 平袖　　　　　　　　　　图2-2-4 圆袖

4. 插肩袖

插肩袖的特征是装袖线不在正常臂根的位置,而是使袖子的袖山延伸到肩部,视觉上增加了手臂的长度。运动装、大衣、风衣多采用插肩袖。在构成形式上有全插肩、半插肩,一片袖和两片袖之分(图2-2-5)。

图2-2-5 插肩袖

5. 喇叭袖

喇叭袖袖形如喇叭状,袖根部较细,越到袖口越宽。

6. 鸡腿袖

鸡腿袖上部宽大蓬松,而袖筒向下逐渐收窄变小,形如鸡腿状。这种袖型一般多用于礼服的造型中,具有一定的审美价值(图 2-2-6)。

7. 蓬蓬袖

蓬蓬袖也称灯笼袖,是将袖山正中剪开放出所需的蓬份,再将蓬份分成若干皱褶与袖窿缝合,袖子就蓬起来,自然形成所需的造型效果。一般用于儿童服装和女性夏季服装、婚礼服(图2-2-7)。

图 2-2-6　鸡腿袖　　　　图 2-2-7　蓬蓬袖

(三) 插肩袖绘制步骤

(1) 首先,要了解女性上半身的结构和比例(图 2-2-8)。

(2) 根据项目一所学的知识按人体比例分段绘制出辅助线(图 2-2-8)。

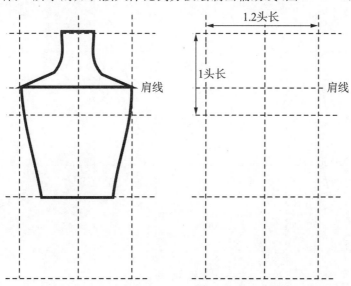

图 2-2-8～图 2-2-12　插肩袖绘制步骤

（3）绘制出领子的领上口线（图2-2-9）。

（4）绘制出领座的左右两条外侧领线，根据领型顺着脖子往下画，与肩线的距离以面料的厚薄而定（图2-2-9）。

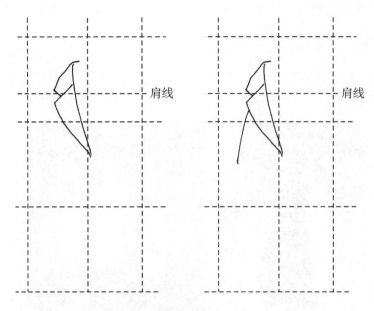

图2-2-9

（5）以中心线为基准，绘出左右对称的两条肩线（图2-2-10）。

（6）顺着肩斜略微表示一下袖窿的位置，并绘制出翻折线（图2-2-10）。

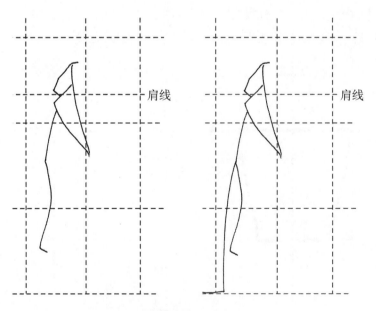

图2-2-10

（7）找到合适的领面的大小位置,绘制出右边的外领口线(图2-2-11)。

（8）同样的方法绘制出左边的外领口线,注意表现出右边领面压住左边领面的穿着方式(图2-2-11)。

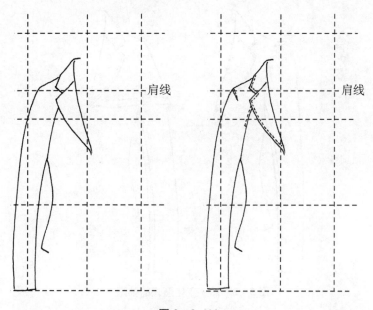

图2-2-11

（9）最后,调整一下领型并去掉所有的辅助线(图2-2-12)。

图2-2-12

五、技能实训

实训一：临摹变化形式的袖型（图 2 - 2 - 13）

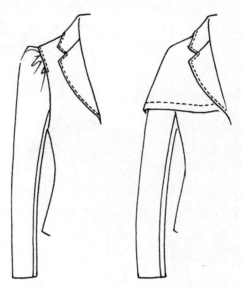

图 2 - 2 - 13　变化形式的袖型

1. 实训目的

掌握袖子绘制的分解步骤。

2. 实训要求

（1）能够准确地分析款式，制订详细的款式绘制操作步骤。

（2）能够进行合理的构图，款式的比例结构准确，线条流畅。

（3）用粗实线表现服装的外轮廓线，用细实线表现服装的内部造型线（如省道、分割线和装饰线等），注意用虚线来表示缝迹线。

任务3　口袋的形式和设计图表现

一、学习目标

通过本任务学习,达到以下目标:

1. 能了解口袋的造型和种类;

2. 能够认识口袋的结构特点;

3. 能够掌握口袋的设计要点;

4. 能对不同的口袋形式进行表达;

5. 能了解服装与不同口袋之间的关系。

二、任务描述

本任务以几个不同类型的口袋零部件为例,对服装局部设计进行表现。主要在于让学生了解口袋与服装之间的整体关系,并能对口袋进行表现。

三、知识介绍

(一)口袋在服装上的作用

1. 用来盛装随身携带的小件物品,满足实用功能;

2. 对各种不同造型的服装起着一种装饰和点缀的效用。

(二)口袋的造型分类

根据其结构特点划分为三种:贴袋、挖袋、缝内插袋(图2-3-1)。

1. 贴袋:贴附在衣服的主体造型上,由于口袋的整个形状完全显露在外,所以又称明袋。

特点:易于吸引人的视线,装饰作用很强,是服装整体风格形成的重要部分。

2. 挖袋:也称暗袋,它是在衣身上剪出袋口,缝合内袋而成。特点是袋体在衣服里,袋口可以是单开线、双开线或加袋盖。

特点:简洁明快,要求工艺质量比较高,变化主要在袋口上,有横开、竖开、斜开,有袋盖、无袋盖等等。

3. 插袋:指在衣服的结构线上设计衣袋,袋口与服装的接缝浑然一体,是利用衣缝制作的口袋。衣身的侧缝、公主缝以及裤子左右裤缝上多用插袋。

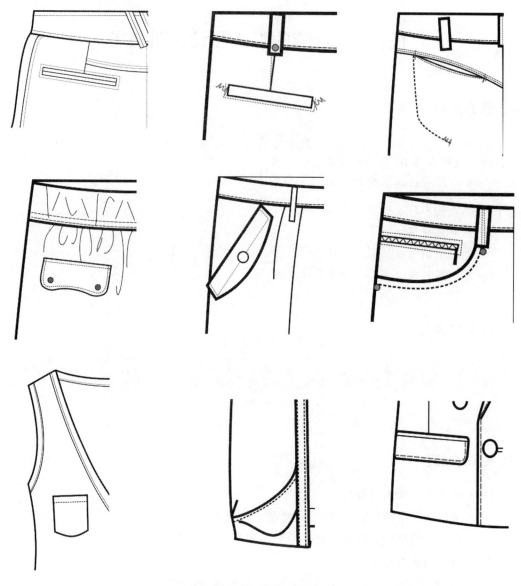

图 2-3-1　各种口袋形式

特点：使服装具有高雅、简洁、含蓄、精致的特征。

4. 里袋：缝在衣服里的口袋称为里袋，也可称为内袋。多在衣服内里胸处，如西服、风衣、外套、大衣。与其他袋型相比有极强的实用功能。

5. 假袋：造型与真正口袋相差无几，只是没有实用价值。而只是满足造型外观效果需要。

（三）贴袋绘制步骤

贴袋是贴缝在服装表面的口袋，是所有口袋中造型变化最丰富的一类。设计贴袋除了要注意准确地画出贴袋在服装中的位置和基本形状以外，还要注意准确地画出贴袋的缝制工艺和装饰工艺的特征。

画贴袋的步骤比较简单,一般都是先画外轮廓,然后再进行内部结构的细节描绘(图2-3-2)。

1. 绘制出贴袋的外形,注意左右的对称;

2. 绘制内部的款式结构;

3. 绘制缝迹线并加粗外轮廓线。

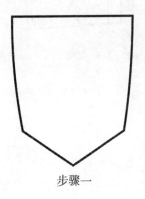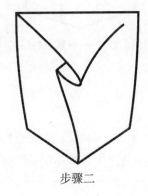

步骤一　　　　　　　　　步骤二　　　　　　　　　步骤三

图 2-3-2　贴袋绘制步骤

四、技能实训

实训一:临摹不同形式的贴袋(图 2-3-3)

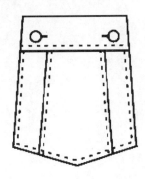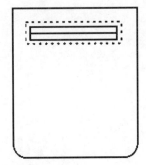

图 2-3-3　不同形式的贴袋

1. 实训目的

掌握口袋绘制的分解步骤。

2. 实训要求

(1) 能够准确地分析款式,制订详细的款式绘制操作步骤。

(2) 能够进行合理的构图,款式的比例结构准确,线条流畅。

(3) 用粗实线表现服装的外轮廓线,用细实线表现服装的内部造型线(如省道、分割线和装饰线等),注意用虚线来表示缝迹线。

实训二：临摹有袋盖的口袋(图 2 - 3 - 4)

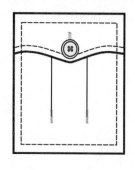 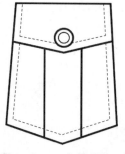 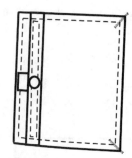

图 2 - 3 - 4　有袋盖的口袋

1. 实训目的

掌握口袋绘制的分解步骤。

2. 实训要求

(1) 能够准确地画出贴袋的缝制工艺和装饰工艺的特征。

(2) 能够进行合理的构图,款式的比例结构准确,线条随意流畅。

(3) 用粗实线表现服装的外轮廓线,用细实线表现服装的内部造型线(如省道、分割线和装饰线等),注意用虚线来表示缝迹线。

项目三 女下装款式设计图表现

任务1 女裙装款式设计图表现

一、学习目标

通过本任务学习,达到以下目标:
1. 能了解裙装款式的结构;
2. 能对不同的裙装款式进行款式分析;
3. 能正确地进行裙装的款式图表现;
4. 能根据照片或设计稿绘制裙装正面和背面结构图;
5. 能针对流行趋势分析裙装款式的设计要素。

二、任务描述

需要学生对给定的女裙装款式的风格、款式特点、绘制方法等进行分析。本任务主要在于让学生了解裙装流行款式的设计图表现以及对几种裙装基本廓型款式图的设计。组织学生在服装实训室进行项目化教学,培养学生具备女裙装款式的资料收集、款式分析等能力,并能进行女裙装款式的绘制等。

三、知识介绍

由于女装种类繁多,又可以从品种、用途、形态、制作方法等不同角度进行分类。按品种分可以分为裙子、裤子、背心、连衣裙、衬衫、针织衫、外套等;按其用途分又可以分为日常装、运动装、宴会装、礼服等;但一般而言,考虑到现在女装设计的特点,按服装形态可以将女装分为上装和下装两大类。本任务主要从女下装到女上装、从易到难呈螺旋形递升的角度出发,让学生具备款式图绘制的能力。

(一)裙子的基本概念

裙装是一种围于下体的服装,属于下装的两种基本形式(另一种是裤装)。广义的裙子还包括连衣裙、衬裙、腰裙。裙一般由裙腰和裙体构成,有的只有裙体而无裙腰。它是人类最早的服装。因其通风散热性能好,穿着方便,行动自如,样式变化多端等诸多优点而为人们所广泛接受,主要以妇女和儿童穿着。裙装款式多变化,形态各具特色。

如图 3-1-1 所示,由基本款可以衍生出多款流行款裙装。

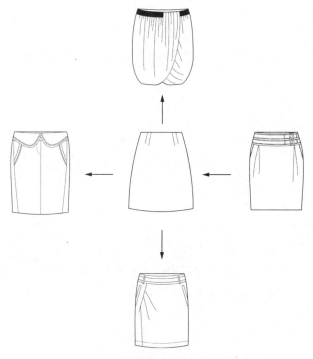

图 3-1-1 裙装款基本款衍生出的流行款

（二）裙子的分类

裙装种类非常丰富,按裙腰在腰节线的位置区分,有低腰裙、无腰裙、装腰裙、中腰裙、高腰裙(图 3-1-2)。

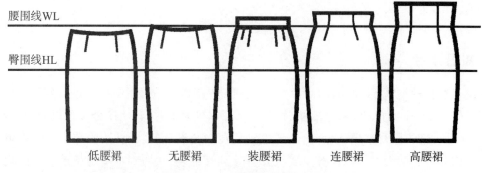

图 3-1-2 按腰节线位置分类

按裙长分,有长裙(裙摆至胫中以下)、中裙(裙摆至膝以下、胫中以上)、短裙(裙摆至膝以上)和超短裙(裙摆仅及大腿中部)等(图 3-1-3)。

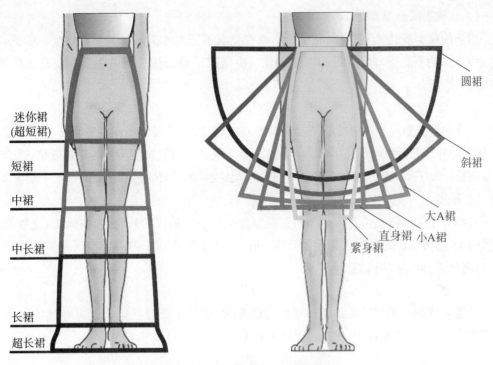

图 3-1-3 按裙长和裙摆分类

按裙摆分,大致可分为圆摆裙、斜类、小 A 裙、直身裙、紧身裙等(图 3-1-3)。

按裙体外形轮廓分,大致可分为 H 型裙、A 型裙(图 3-1-4)、S 型裙和 O 型裙等。

图 3-1-4 按廓型分类

（三）裙子的廓型变化

裙子的廓型变化丰富多样，它的外形线变化离不开人体下半身的基本体型。因此，我们应该用立体的概念去理解裙子的廓型变化。决定裙子外形线变化的主要部位是人体的腰、臀以及下摆线。

1. A 型

又称为正三角形。廓型特征是收紧腰部，向下至底边线慢慢呈现放宽状态。臀部趋于宽松，裙摆向外展开近似于英文字母 A。此廓型给人简洁、奔放、青春活力的视觉效果，适合各个季节穿着。A 字型的裙子能与各类上衣进行搭配穿着，而且对年龄和体型的要求不是很高。

2. H 型

又称为矩形或者长方形。廓型特征是整体呈现一个箱式的外轮廓，如筒裙、直身裙都是典型的 H 型裙装。此廓型因为比较合体，所以基本上会在裙子的后中线或者侧缝线进行开衩，以满足人体的运动机能。

3. O 型

又称为球形。廓型特征是腰围和底边收紧，臀部趋于膨胀状态。此廓型款式因为下摆比较收紧，活动量较小，适合比较优雅的女性穿着。

四、任务实施

案例一：

（一）款式分析（图 3-1-5）

图 3-1-5　案例一款式

此款裙装无腰头设计,前片采用抽褶的工艺手法,使裙身产生不规则的褶皱。面料悬垂感较强,随风摇摆自然飘逸。营造多层次的层叠效果,下摆收紧随意产生装饰褶纹作为点缀,让该款裙子更显女性的柔美可爱。

(二)工具准备

1. 准备 20 张 A4 打印纸;

2. 准备一支 0.5 mm 的自动铅笔和一支黑色水笔,并准备一支 2B 或 HB 的铅笔;

3. 准备一根 15 cm 的短尺和一块容易擦的橡皮(最好是绘图专用橡皮)。

(三)褶裥裙绘制步骤

(1)首先,要了解女性下半身的结构和比例(图 3-1-6)。

(2)根据项目一所学的知识按比例分段绘制出辅助线(图 3-1-6)。

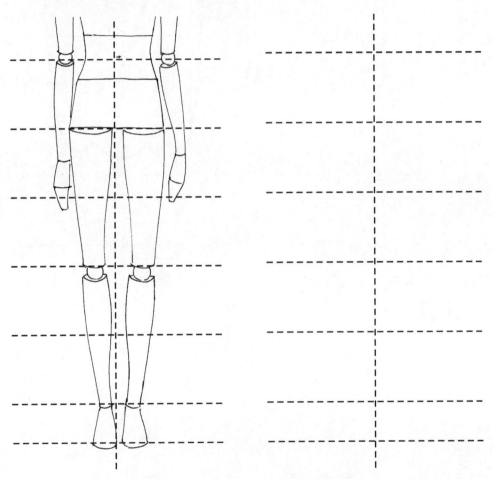

图 3-1-6~图 3-1-9　褶裥裙绘制步骤

(3) 绘制出半裙的腰,宽度大约为一个头身,内里部分打上阴影(图3-1-7)。

(4) 考虑到抽褶后的衣纹线与外轮廓线存在很大的关联,故需先绘制出半裙的外轮廓线(图3-1-7)。

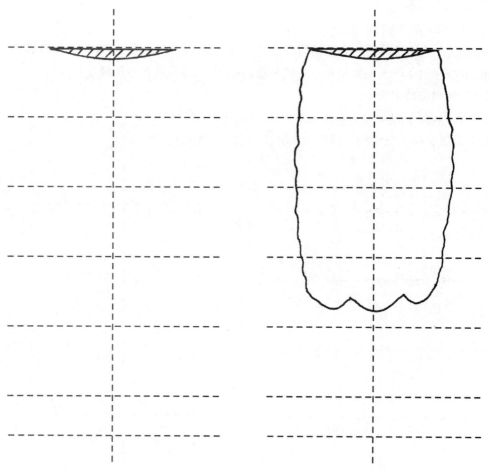

图 3-1-7

（5）描绘出半裙的内部造型，以虚线来表示，注意弧线的美感（图3-1-8）。

（6）在半裙带子抽系的末端绘制出蝴蝶结（图3-1-8）。

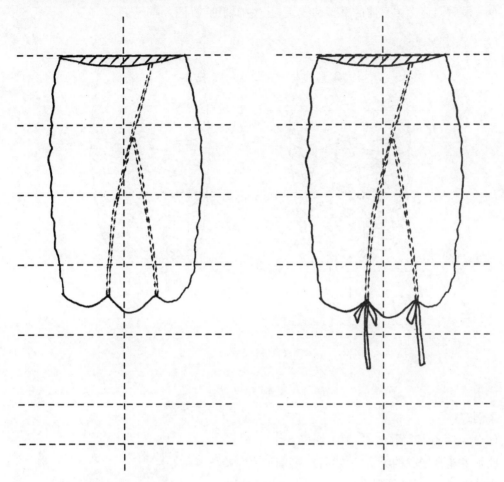

图3-1-8

（7）在半裙的内部绘制出衣纹线，注意线条的流畅性和随意性。抽褶的地方要根据弧线的运动轨迹来绘制（图3-1-9）。

（8）最后调整半裙整体的廓型和线条，并去掉辅助线（图3-1-9）。

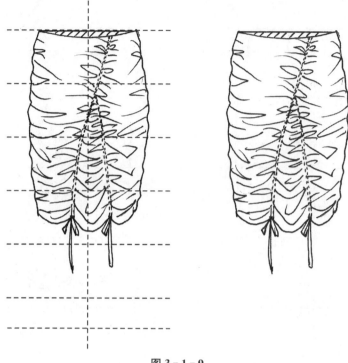

图3-1-9

案例二：

（一）款式分析（图3-1-10）

此款为非常好看的半身一步裙，H型廓型完美掩饰身体小小的缺陷，看起来不仅显瘦还很知性。腰间宽大的腰带设计起到了点缀效果。既不失职场女性的优雅端庄，又体现出穿着者的时尚与美丽，适合不同场合搭配。

（二）工具准备

1. 准备20张A4打印纸；

2. 准备一支0.5 mm的自动铅笔和一支黑色水笔，并准备一支2B或HB的铅笔；

3. 准备一根15 cm的短尺和一块容易擦的橡皮（最好是绘图专用橡皮）。

图3-1-10　案例二款式

（三）一步裙绘制步骤

（1）首先，要了解女性下半身的结构和比例（图3-1-11）。

（2）根据项目一所学的知识按比例分段绘制出辅助线（图3-1-11）。

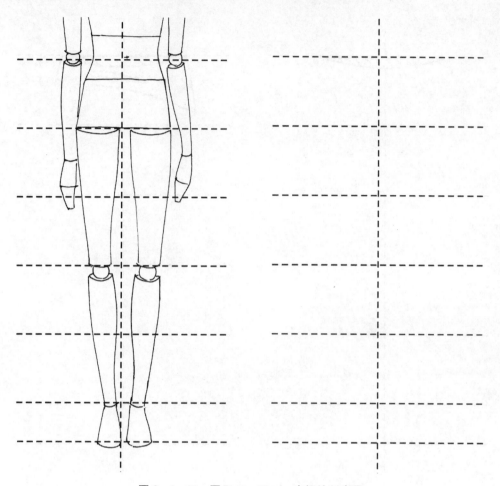

图3-1-11～图3-1-14 一步裙绘制步骤

（3）绘制出半裙的腰，宽度大约为一个头身，裙子内里部分打上阴影（图 3 - 1 - 12）。

（4）由于该裙的廓型是基本型，故可以从轮廓线开始画，也可以从上而下来绘制。腰头细节是该裙的重点，所以先绘制出半裙的腰头，注意腰头的弧度要漂亮（图 3 - 1 - 12）。

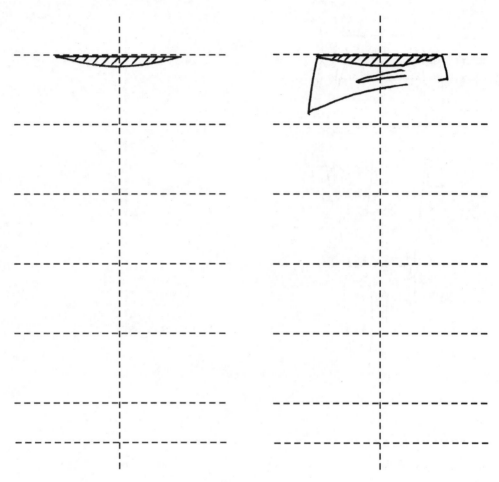

图 3 - 1 - 12

（5）描绘出半裙腰部的蝴蝶结造型以及所形成的褶皱衣纹线。注意蝴蝶结的穿插关系以及工字褶的表现方式（图3-1-13）。

（6）绘制出半裙的外轮廓线，考虑到是外盖式腰头，故在表达腰头和外侧缝线时应该表现出其厚度（图3-1-13）。

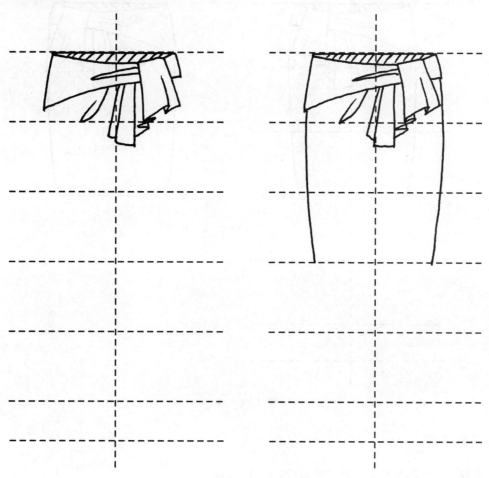

图3-1-13

（7）绘制出半裙的下摆线或底边线（图3-1-14）。

（8）最后调整半裙整体的廓型和线条，并去掉辅助线（图3-1-14）。

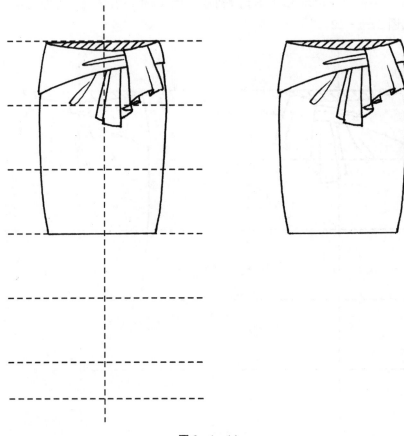

图3-1-14

五、技能实训

实训一：临摹女装褶裥裙款式图（图3-1-15）

图3-1-15 女装褶裥裙款式图

1. 实训目的

能分析裙装的款式特征,并掌握裙装款式图绘制的分解步骤。

2. 实训要求

(1) 能够准确地分析款式,制订详细的款式绘制操作步骤。

(2) 能够理解褶裥的工艺特征,并正确地表示褶裥的绘制方法。

(3) 能够进行合理的构图,款式的比例结构准确,线条随意流畅。

(4) 用粗实线表现服装的外轮廓线,用细实线表现服装的内部造型线(如省道、分割线和装饰线等),注意用虚线来表示缝迹线。

任务2 女裤装款式设计图表现

一、学习目标

通过本任务学习,达到以下目标:

1. 了解女人体下半身的体型结构特点;
2. 能了解女裤装款式的结构;
3. 能根据女裤装的款式照片进行款式分析,并能描述款式特点;
4. 能正确地进行女裤装的款式图表达;
5. 能根据照片或设计稿绘制裤装正面和背面结构图;
6. 能针对流行趋势分析裤装款式的设计要素。

二、任务描述

该任务以达利(中国)有限公司的典型款式为载体,需要学生对给定的女裤装款式的风格、款式特点、绘制方法等进行分析。本任务主要在于让学生了解下装流行款式的设计图表现以及对几种下装基本廓型款式图的设计。组织学生在服装实训室进行项目化教学,培养学生具备女裤装款式的资料收集、款式分析等能力、并能进行女裤装款式的绘制等,促进学生在服装设计行业的就业。

三、知识介绍

裤装的结构相对裙子较为复杂,基本形状的构成因素及控制部位相应也多,除了裤长、腰围、臀围外,还有上裆、腿围、膝围、脚口围等。

（一）裤子的基本概念

裤子是腰部以下所穿的主要服饰之一。纵观整条裤子的外形轮廓,是由裤长、上裆长、腰围、臀围、横裆、中裆及裤口等几个大环节构成。裤装有多种分类及设计,穿着方式也多种多样。但就其类型来说不外乎适身型、紧身型、松身型三种变化。具体的可按照以下几个方面来进行分类:

1. 按长度分类:可分为短裤、中裤、中长裤、吊腿裤、长裤等;
2. 按版型分类:可分为直筒、西裤、锥型裤/铅笔裤/小脚裤、喇叭裤、斜裁裤等;
3. 按腰线分类:可分为高腰裤、中腰裤和低腰裤;

4. **按廓型来分**：可分为长方形(筒形裤)、倒梯形(锥形裤)、梯形(喇叭裤)、菱形(马裤)。这四种裤子的结构组合构成了裤子的造型变化的内在规律。

(二) 裤装与人体体型结构的关系

裤装必须包裹人体的腹部、臀部和腿部三个部分，而人体的腹部与臀部是比较复杂的曲面体，所以裤装必须满足女人体下半身的静态体态及动态变形的需要(图 3-2-1)。

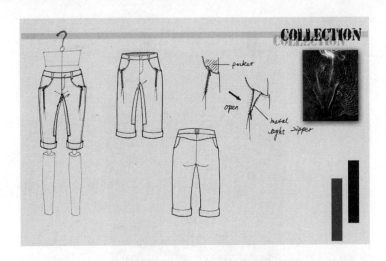

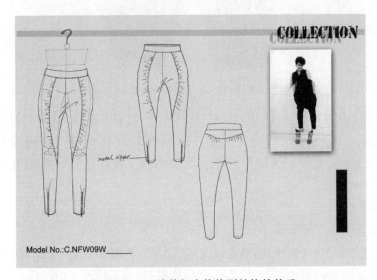

图 3-2-1　裤装与人体体型结构的关系

四、任务实施

案例一：

（一）款式分析（图 3-2-2）

图 3-2-2　案例一款式

该款裤子是一款时尚气质浓厚的修身哈伦式中裤,非常有质感,其中股线的立体设计达到独特的立体效果,无论是前中线还是后中线,都是从腰间直顺下来,伴随着人体的曲线恰到好处地展现其风格。腰部延伸的裤头设计,独特时尚又极具有实用性,纽扣的自行调节可以让腰部更加自由舒适。

（二）工具准备

1. 准备 20 张 A4 打印纸;

2. 准备一支 0.5 mm 的自动铅笔和一支黑色水笔,并准备一支 2B 或 HB 的铅笔;

3. 准备一根 15 cm 的短尺和一块容易擦的橡皮(最好是绘图专用橡皮)。

（三）裤子款式图绘制步骤

（1）首先，要了解女性下半身的结构和比例（图3-2-3）。

（2）根据项目一所学的知识按比例分段绘制出辅助线（图3-2-3）。

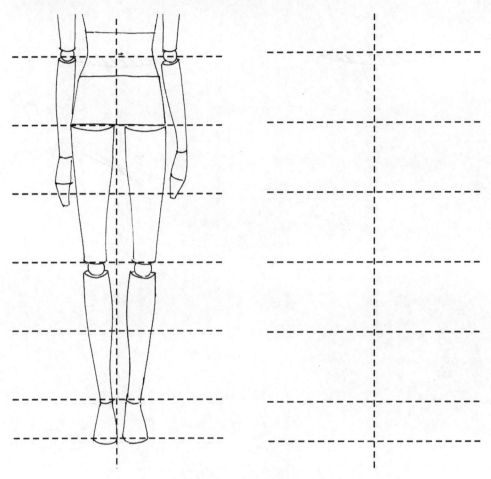

图3-2-3～图3-2-8 案例一裤子款式图绘制步骤

（3）绘制出裤子的腰,宽度大约为一个头身,裤子内里部分打上阴影(图3-2-4)。

（4）绘制出裤子的门襟线,大约为一个半头身。因为裤子的结构特征裆部会出现褶皱,故可以用Z字来表示裆部的衣纹(图3-2-4)。

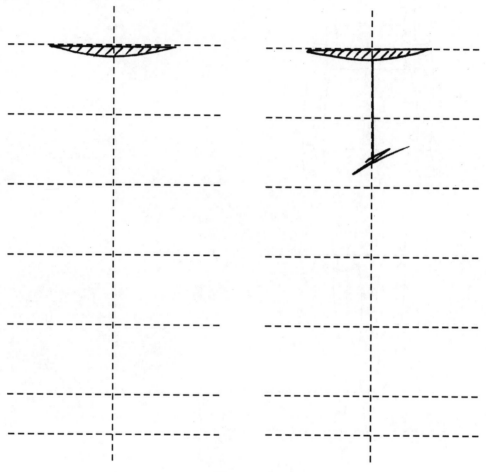

图 3-2-4

（5）根据裤子的款式结构描绘出其腰头和前分割线造型以及臀部的外侧缝轮廓线,长度大约为一个头身(图 3-2-5)。

（6）绘制出口袋,注意口袋线与腰部分割线的穿插关系。并以虚线来表示门襟的位置(图 3-2-5)。

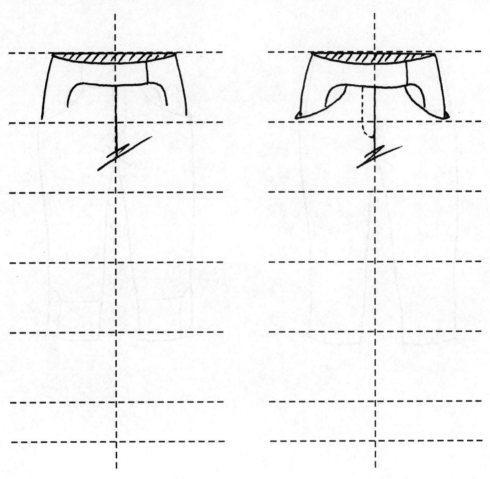

图 3-2-5

(7) 根据裤子的造型,裤腿由上而下宽度逐渐变窄,大约用三个头身描绘出两个裤腿的长度(图3-2-6)。

(8) 绘制出脚口的分割线,并大约用0.5个头身的长度来表示罗纹的位置。考虑到罗纹具有一定的弹性,脚口的宽度可以比分割线的宽度略微窄一点(图3-2-6)。

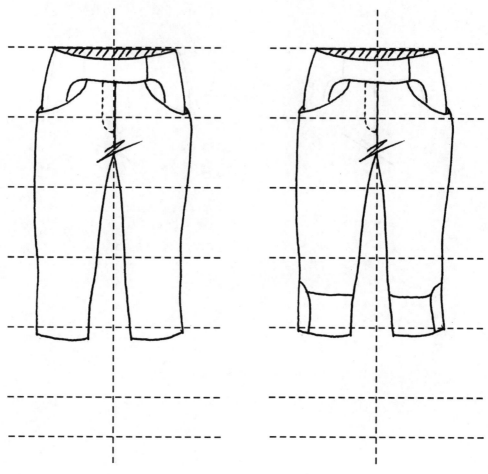

图3-2-6

（9）从口袋处向下延伸两条线来表示褶皱线，注意线条的自然、流畅和随意性（图3-2-7）。

（10）用长短一致的直线条来表示脚口处的罗纹，注意应该等距分布（图3-2-7）。

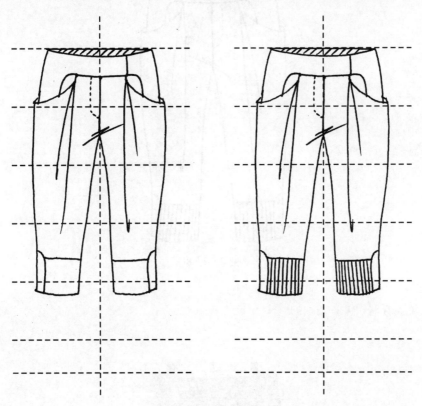

图 3-2-7

（11）最后去掉辅助线，并对整个裤装轮廓进行修整（图 3 - 2 - 8）。

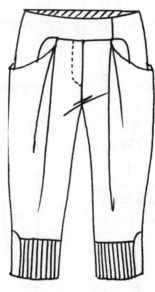

图 3 - 2 - 8

案例二：

（一）款式分析（图 3 - 2 - 9）

图 3 - 2 - 9　案例二款式

该款裤子是一款时尚气质浓厚的修身长裤,其中腰部的设计非常时尚、率性,达到独特的立体效果。两侧装有斜插袋,美观又实用。腰部的门襟处采用搭扣扣合,很精致,也别有味道。

(二) 工具准备

1. 准备 20 张 A4 打印纸;

2. 准备一支 0.5 mm 的自动铅笔和一支黑色水笔,并准备一支 2B 或 HB 的铅笔;

3. 准备一根 15 cm 的短尺和一块容易擦的橡皮(最好是绘图专用橡皮)。

(三) 裤子款式图绘制步骤

(1) 首先,要了解女性下半身的结构和比例(图 3－2－10)。

(2) 根据项目一所学的知识按人体比例分段绘制出辅助线(图 3－2－10)。

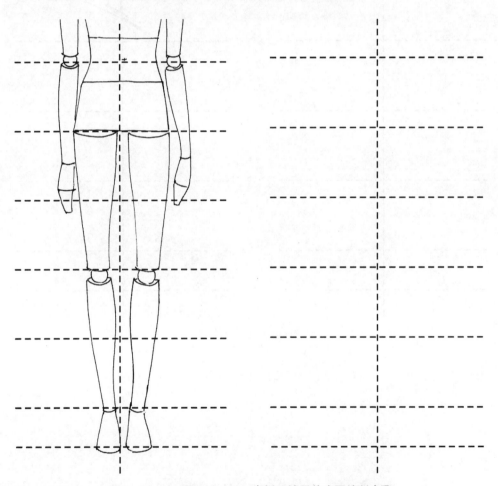

图 3－2－10～图 3－2－14　案例二裤子款式图绘制步骤

（3）绘制出裤子的腰，宽度大约为一个头身，裤子内里部分打上阴影（图 3 - 2 - 11）。

（4）绘制出裤子的门襟线，因为这条裤子裆部有点胯，故用大约 1.5 个头身来表示其长度。用 Z 字来表示裆部会出现的褶皱（图 3 - 2 - 11）。

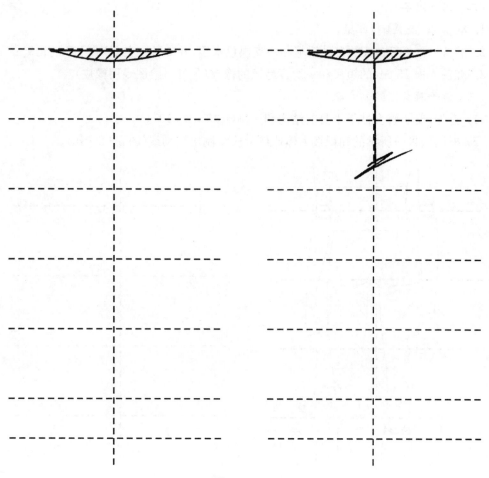

图 3 - 2 - 11

　　(5) 描绘出裤子的内侧缝线,因其裤型略微有点 O 型,故在描绘时应以弧线来表示,长度约为 4 个头身(图 3 - 2 - 12)。

　　(6) 描绘出裤子的外侧缝线,同样的缘故因其 O 型的廓型,描绘脚口处要略微往里凹,长度约为 6 个头身(图 3 - 2 - 12)。

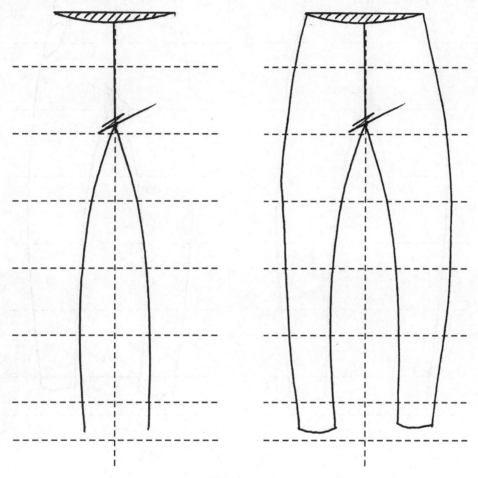

图 3 - 2 - 12

（7）绘制出腰头，根据款式的特征来表达（图 3 - 2 - 13）。

（8）在胯部找到合适的位置，绘制出左右两边的口袋并画上缝迹线。注意口袋的比例大小（图 3 - 2 - 13）。

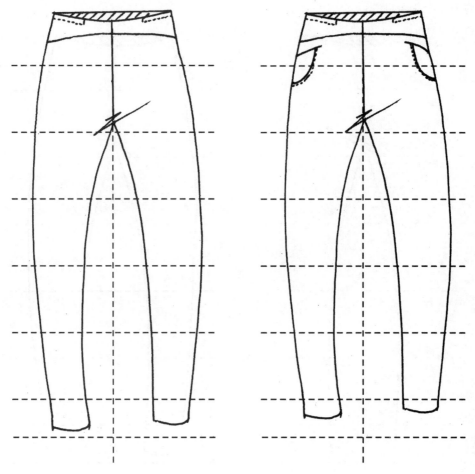

图 3 - 2 - 13

(9) 从外侧缝线往中心线过来大约1/3处画出第一条省道线,然后再过大约2/3头长处画出第二条省道线。注意两条省道线的长短有所区别,并画出表示拉链位置的前门襟虚线(图3-2-14)。

(10) 最后去掉辅助线,并对整个裤型进行修整(图3-2-14)。

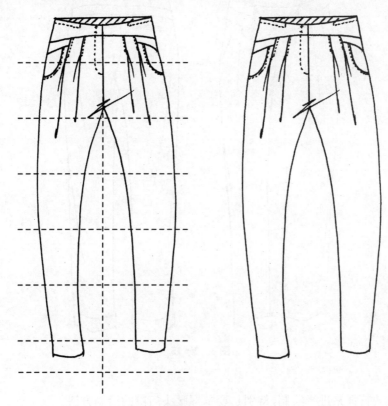

图3-2-14

五、技能实训

实训一：临摹女裤装的表现(图 3－2－15)

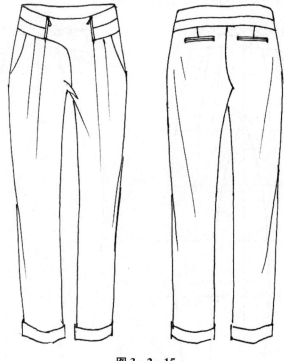

图 3－2－15

1. 实训目的

能根据款式特征来进行绘制,特别是要掌握腰头门襟的绘制方法。

2. 实训要求

(1) 绘制工整准确,裤子内部各个部件的形状、比例能符合服装的规格尺寸。

(2) 能够准确地分析款式,并注意腰头搭门的绘制操作步骤。

(3) 能够正确进行款式绘制,合理完成全部内容的绘制。

(4) 能够进行合理的构图,款式的比例结构准确,线条流畅。

实训二：临摹女裤装的表现(图 3 - 2 - 16)

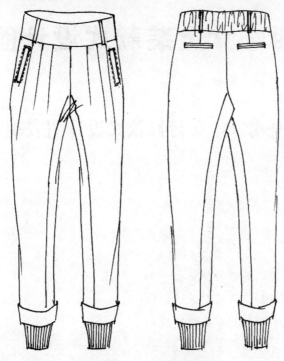

图 3 - 2 - 16 女裤装的表现

1. 实训目的

能分析款式特征，掌握女裤装款式图绘制的分解步骤。

2. 实训要求

(1) 能够用规范、清晰的省道强调结构图的工艺感觉。

(2) 能够正确地表示腰部的松紧带，比例准确才能体现款式特征。

(3) 用粗实线表现服装及服装零部件的外轮廓线，用细实线表现服装的内部造型线(如省道、分割线和装饰线等)，缝迹线一般用虚线表示。

(4) 能够进行合理的构图，款式的比例结构准确，线条随意流畅。

项目四　女上装款式设计图表现

任务1　女衬衫款式设计图表现

一、学习目标

通过本任务学习，达到以下目标：
1. 能了解女衬衫款式的结构特点；
2. 能对不同的女衬衫款式进行款式分析；
3. 能正确地进行女衬衫的款式图表现；
4. 能针对流行趋势分析衬衫款式的特点。

二、任务描述

该任务以达利(中国)有限公司的典型款式为载体，需要学生对给定的女衬衫款式的风格、款式特点、绘制方法等进行分析。本任务主要在于让学生了解女衬衫流行款式的设计图表达以及对几种基本廓型款式图的设计。组织学生在服装实训室进行项目化教学，培养学生具备女衬衫款式的资料收集、款式分析等能力，并能进行女衬衫款式的绘制等，促进学生在服装设计行业的就业。

三、知识介绍

（一）衬衫的基本概念

衬衫是指穿在上体的服装之一，衬衫既可做内衣亦可作为外衣来穿着。衬衫是白领人士工作服装的首选。衬衫本身介乎于正装和休闲装之间，既可以作为正装的一部分，出席重要场合，也可以居家穿，迎合了大部分人的生活和工作需求。

衬衫除了是男士三大法宝之外，也是女士衣橱必备的服饰，它已经是女装的主要流行元素，简单搭配，可以完成从少女到淑女的跳跃，它是传统与时尚的经典结合，是重点的点缀，给人清爽的印象；它既可以单穿又能与外套搭配，既能在办公室穿，也可以穿去参加派对，只要选对款式,就能帮你实现春装女王的梦想;它是一年百变的主角,可以随意搭配不同的衣服,自由组合出非凡的感觉(图4-1-1)。

图4-1-1 女衬衫

(二)衬衫的种类

衬衫的款式,除领式外,衣身有直腰身、曲腰身、内翻门襟、外翻门襟、方下摆、圆下摆(图4-1-2)以及有背褶和无背褶等。袖有长袖、短袖、单袖头、双袖头等。

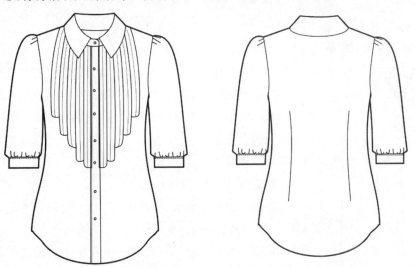

图4-1-2 圆下摆女衬衫

1. 按穿着用途分类

可分为正装衬衫、便装衬衫、休闲衬衫等。

2. 按穿着风格分类

可分为中性女衬衫、优雅女衬衫(图 4-1-3)两大类。

3. 按领子分类

可分为标准领、纽扣领、暗扣领等等。

4. 按材质来分类

可分为全棉、高棉、天丝棉、桑蚕丝、雪纺(图 4-1-4)、牛仔等等。

图 4-1-3　按穿着风格分类　　　　　　图 4-1-4　雪纺衬衫

四、任务实施

案例一：

（一）款式分析（图 4-1-5）

该款衬衫采用工装设计元素，服装线条上以直线造型为主，是现在最为流行的男孩风貌。单边贴袋的使用，增加了服装的功能性。袖口收紧的小细褶为服装增添了可爱的元素，配合精致的工艺手法，使该款服装独具特色。

（二）工具准备

1. 准备 20 张 A4 打印纸；

2. 准备一支 0.5 mm 的自动铅笔和一支黑色水笔，并准备一支 2B 或 HB 的铅笔；

3. 准备一根 15 cm 的短尺和一块容易擦的橡皮（最好是绘图专用橡皮）。

图 4-1-5　案例一款式

（三）衬衫的绘制步骤

（1）首先要知道所有的服装穿着的依据是人体，而女上装的绘制与人体上半身的结构和比例是分不开的。根据项目一所学的人体知识，按照比例画出重要的辅助线（图4-1-6）。

（2）绘制出4个头长的辅助线作为画衬衫衣长的依据，肩宽为1.2个头长，腰围宽为0.8个头长（图4-1-6）。

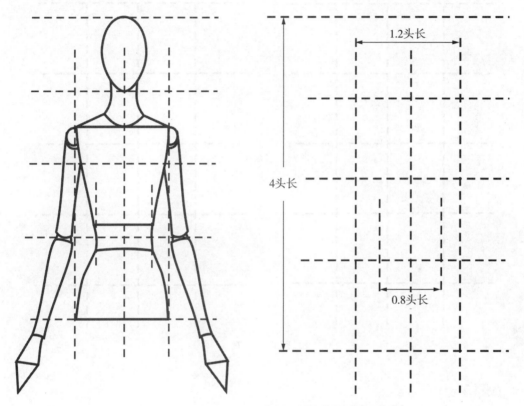

图4-1-6～图4-1-13　案例一衬衫款式图绘制步骤

（3）根据中心线绘制出左右对称的领上口线（或翻领线）（图 4-1-7）。

（4）绘制出领座的左右两条外侧领线，根据领型顺着脖子往下画，与脖子的距离以领子的造型而定（图 4-1-7）。

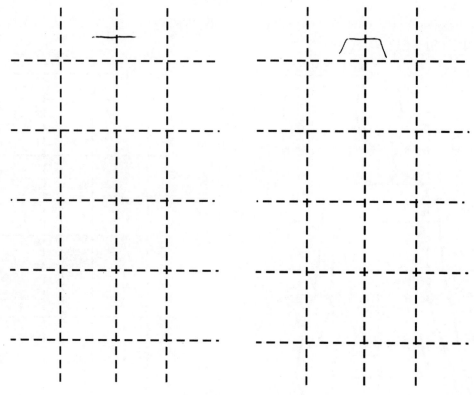

图 4-1-7

（5）以中心线为基准,绘制出左右对称的两条肩线(图4-1-8)。

（6）根据领深和领高绘制出两条左右对称的翻折线,注意翻折线要与人体脖颈的弧度相吻合(图4-1-8)。

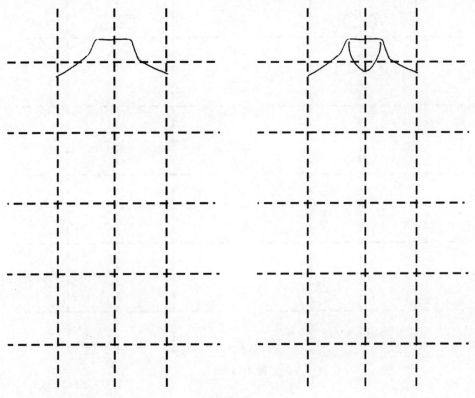

图 4-1-8

（7）在合适的位置绘制出下领口线(图 4-1-9)。

（8）找到合适的领面的大小位置,绘制出外领口线(图 4-1-9)。

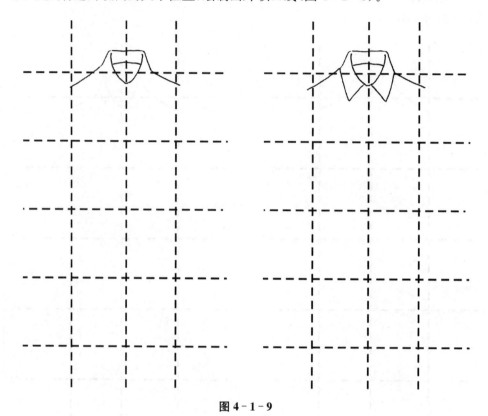

图 4-1-9

（9）绘制出与肩线平行的肩部造型线（图 4 - 1 - 10）。

（10）作一条垂直于中心线的横线作为袖窿深线，以中心线为基准线，从左右肩点向下分别绘制出两条左右对称的弧线作为外套的袖窿弧线，并画出左右大身的侧缝线（图 4 - 1 - 10）。

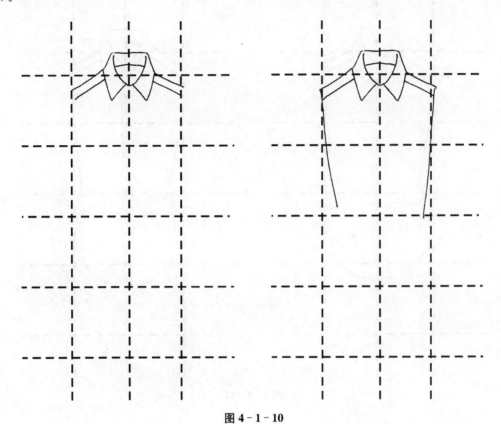

图 4 - 1 - 10

（11）以中心线为基准线，从腰围线向下延伸完成侧缝线，并画出圆角的下摆线（图4-1-11）。

（12）绘制出前门襟，并等距将扣子的位置确定（图4-1-11）。

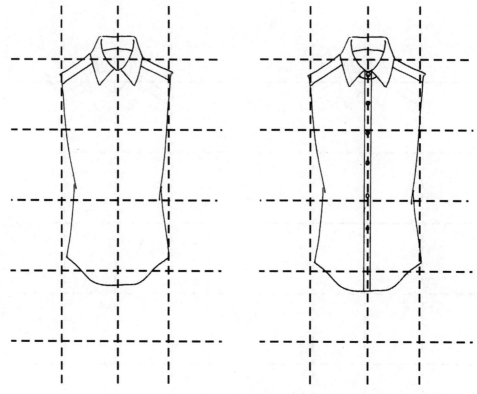

图4-1-11

（13）从肩点出发向下绘制出袖子的外轮廓线，要从袖窿弧线处向下延伸。并绘制出袖克夫以及袖口褶裥的结构线，注意袖克夫的宽度要小于袖子的宽度（图 4－1－12）。

（14）在胸围线处确定合适的位置绘制出口袋，注意口袋比例大小。根据人体的结构特点画出前腰省（图 4－1－12）。

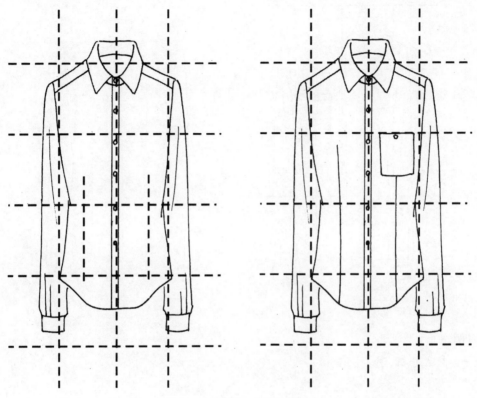

图 4－1－12

（15）根据款式的结构特点绘制出所有的缝迹线（图 4-1-13）。

（16）最后调整衬衫的廓型和线条，并去掉辅助线（图 4-1-13）。

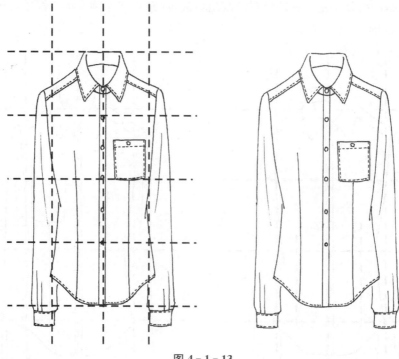

图 4-1-13

案例二：

（一）款式分析（图 4-1-14）

图 4-1-14　案例二款式

此款衬衫的特点在于在腰线处进行分割,在分割处运用了抽细褶的工艺。无规律的抽碎褶手法丰富其造型感,使一件很简单的衬衫有了独特的细节元素。胸省的设定配合分割线的比例,既满足了结构上的要求又带给人优美的视觉效果。下摆和袖子部分做了荷叶边的处理,平添了几分女性柔美的感觉。

(二)工具准备

1. 准备 20 张 A4 打印纸;

2. 准备一支 0.5 mm 的自动铅笔和一支黑色水笔,并准备一支 2B 或 HB 的铅笔;

3. 准备一根 15 cm 的短尺和一块容易擦的橡皮(最好是绘图专用橡皮)。

(三)衬衫绘制步骤

(1)首先要知道所有的服装穿着依据是人体,而女上装的绘制与人体上半身的结构和比例是分不开的。根据项目一所学的人体知识,按照比例画出重要的辅助线(图4-1-15)。

(2)绘制出 4 个头长的辅助线作为画衬衫衣长的依据,肩宽为 1.2 个头长,腰围宽为 0.8 个头长(图 4-1-15)。

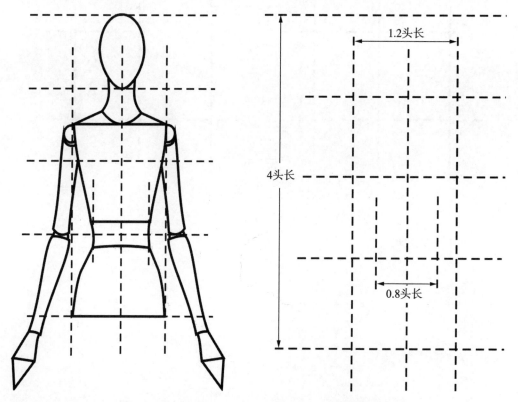

图 4-1-15~图 4-1-21 案例二衬衫款式图绘制步骤

（3）根据中心线绘制出左右对称的领上口线（或翻领线）（图4-1-16）。

（4）绘制出领座的左右两条外侧领线，根据领型顺着脖子往下画，与脖子的距离以领子的造型而定（图4-1-16）。

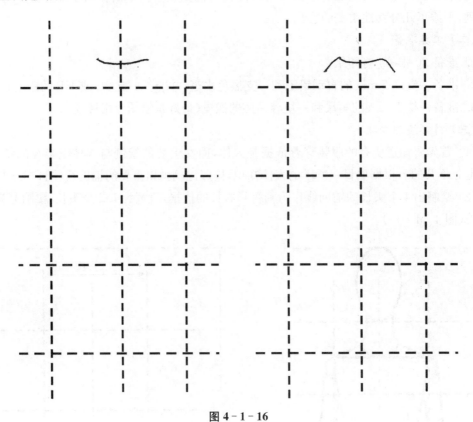

图4-1-16

（5）以中心线为基准，绘制出左右对称的两条肩线（图4-1-17）。

（6）根据领深和领高绘制出两条左右对称的翻折线，注意翻折线要与人体脖颈的弧度相吻合。并绘制出下领口线，内里部分打上阴影（图4-1-17）。

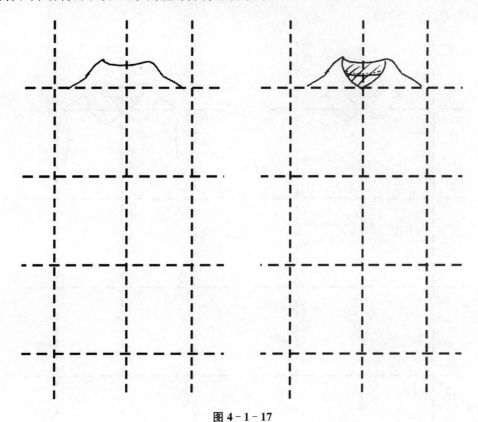

图4-1-17

（7）根据公主领的造型特点，绘制出外领口线。注意领角的圆润性，并以虚线将缝迹线表达出来（图 4 - 1 - 18）。

（8）以中心线为基准线，从左右肩点向下分别绘制出两条左右对称的弧线作为衬衫的袖窿弧线（图 4 - 1 - 18）。

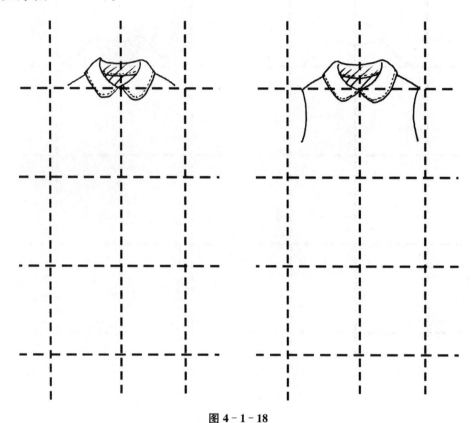

图 4 - 1 - 18

(9) 在中心线的左右两边画出对称的大身侧缝线,与袖窿底线进行连接(图 4-1-19)。

(10) 大约用 1.5 个头身的长度绘制出腰线(图 4-1-19)。

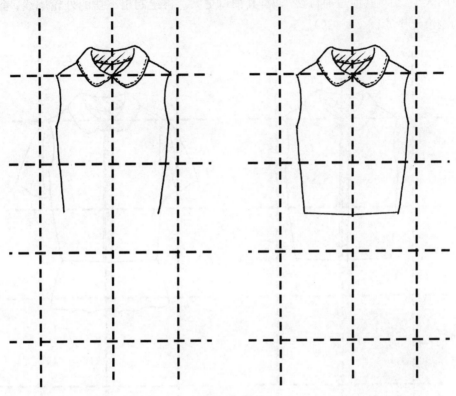

图 4-1-19

（11）绘制出前门襟，并等距扣子的位置。

（12）以中心线为参照物，绘制出左右对称的两个荷叶边造型的袖子。根据款式特点定出袖口的大小，相对其他短袖衬衫来说，其袖口更大。再绘制出下摆的外轮廓线，考虑其荷叶边的波浪走势（图4-1-20）。

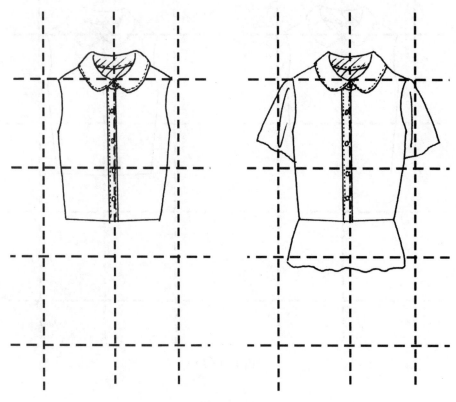

图 4-1-20

（13）根据袖子和下摆抽褶的荷叶造型绘制出随意自由的衣纹线(图 4 - 1 - 21)。

（14）去掉辅助线并修整衬衫的造型及细节(图 4 - 1 - 21)。

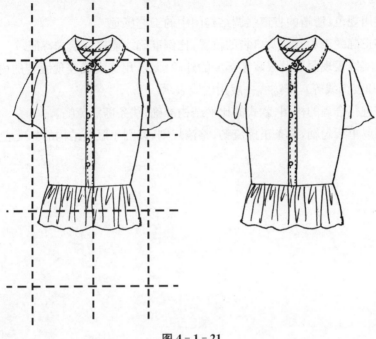

图 4 - 1 - 21

五、技能实训

实训一：临摹衬衫款式图(图 4 - 1 - 22)

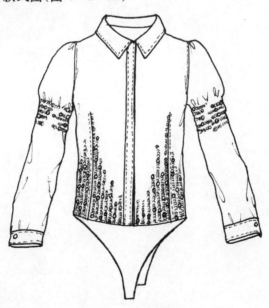

图 4 - 1 - 22　衬衫款式图

1. 实训目的

掌握衬衫款式图绘制的分解步骤。

2. 实训要求

（1）能够用规范、清晰的省道强调结构图中的工艺感觉。

（2）能够正确的表示省道及口袋的位置，比例准确才能体现款式特征。

（3）用粗实线表现服装及服装零部件的外轮廓线，用细实线表现服装的内部造型线（如省道、分割线和装饰线等），缝迹线一般用虚线表示。

（4）能够进行合理的构图，款式的比例结构准确，线条随意流畅。

（5）能够以单线勾勒，线条正确流畅，整洁规则，以利于服装结构的如实表达。

任务2　女外套款式设计图表现

一、学习目标

通过本任务学习,达到以下目标:

1. 能了解女外套款式的结构特点;

2. 能对不同的女外套款式进行款式分析;

3. 能正确地进行女外套的款式图表现;

4. 能针对流行趋势分析外套款式的特点。

二、任务描述

该任务以达利(中国)有限公司的典型款式为载体,需要学生对给定的女外套款式的风格、款式特点、绘制方法等进行分析。本任务主要在于让学生了解女外套流行款式的设计图表现以及对几种基本廓型款式图的设计。组织学生在服装实训室进行项目化教学,培养学生具备女外套款式的资料收集、款式分析等能力、并能进行女外套款式的绘制等,促进学生在服装设计行业的就业。

三、知识介绍

（一）外套的基本概念

外套是穿在上体最外的服装(图4-2-1)。外套前端有纽扣或者拉链以便穿着,一般用作保暖或抵挡雨水的用途。其长短变化与款式变化丰富,种类繁多。

（二）外套的分类

外套的体积一般较大,长衣袖,在穿着时可覆盖在其他衣服外面。大衣、西装、棉袄、风衣等都可称为外套,平时可按照其长度、材质以及功能进行分类。

(1) 按照衣身的长短来分:可分长外套(衣长大概至膝盖以下)、中外套(衣长大概至大腿中部)和短外套(衣长大概至臀围线或略上)三种(图4-2-2)。

(2) 按照服装材质来分:可分为棉、皮、羊毛、化纤、羽绒(图4-2-3)等材质。

图 4 - 2 - 1　外套　　　　　　　　　　　　　图 4 - 2 - 2　按长短分

图 4 - 2 - 3　按材质分

（3）按照外套的功能来分：可分为西装外套、牛仔外套、运动外套、大衣、风衣（图4-2-4)等。

图 4-2-4　按功能分

四、任务实施

（一）款式分析（图 4-2-5）

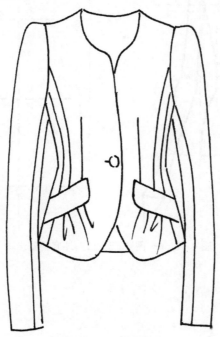

图 4-2-5　款式分析

这款精致的小西装给人一种典雅、端庄的感觉,特别适合高挑、干练的职场女性穿着。简单随意的外轮廓其间隐藏着出色的设计细节,省道处挖两个斜插袋,不但风格独特且工艺精细。前中由一粒纽扣扣合,简单实用、美观大方(图4-2-5)。

(二)工具准备

1. 准备20张A4打印纸;

2. 准备一支0.5 mm的自动铅笔和一支黑色水笔,并准备一支2B或HB的铅笔;

3. 准备一根15 cm的短尺和一块容易擦的橡皮(最好是绘图专用橡皮)。

(三)外套绘制步骤

(1)首先要知道所有的服装穿着的依据是人体,而女上装的绘制与人体上半身的结构和比例是分不开的。根据项目一所学的人体知识,按照比例画出重要的辅助线(图4-2-6)。

(2)绘制出4个头长的辅助线作为画外套衣长的依据,肩宽为1.2个头长,腰围宽为0.8个头长(图4-2-6)。

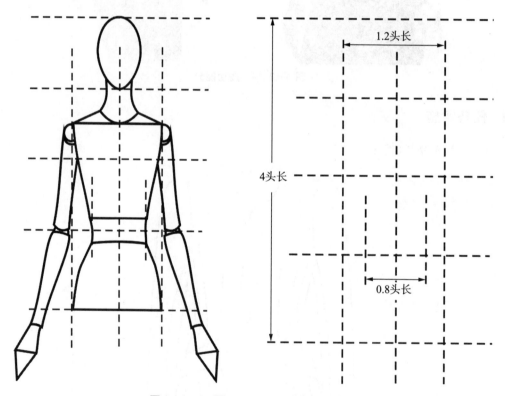

图4-2-6~图4-2-11 外套绘制步骤

（3）以中心线作为基准线,然后根据中心线绘制出一条左右对称的弧线作为领上口线（或翻领线）(图 4-2-7)。

（4）以中心线为基准线,分别在中心线的左右两边绘制出两条左右对称的斜线作为外套的肩线(图 4-2-7)。

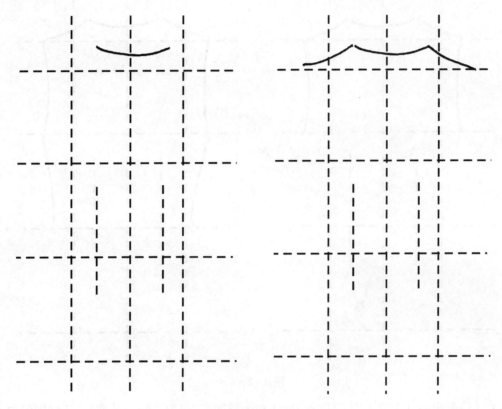

图 4-2-7

（5）作一条垂直于中心线的横线作为袖窿深线，以中心线为基准线，从左右肩点向下分别绘制出两条左右对称的弧线作为外套的袖窿弧线（图4-2-8）。

（6）绘制出一条垂直于中心线的腰围线，并画出左右大身的侧缝线（图4-2-8）。

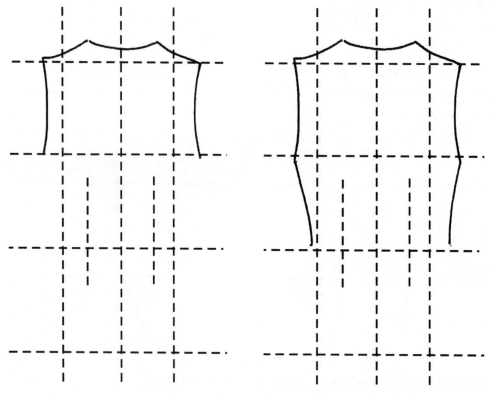

图4-2-8

（7）绘制出一条垂直于中心线的辅助线作为臀围线，以中心线为基准线，从腰围线向下延伸完成侧缝线（图4-2-9）。

（8）从颈窝点出发，根据脖子的结构和款式特征绘制出领圈。并以中心线为参照，绘制出外套右片的门襟线和下摆线，注意根据实际的设计理念进行绘制（图4-2-9）。

（9）同步骤8，绘制出左片的领圈、门襟线和外套的下摆线，以中心线为准与右边对称。并且不要忘记将后片的下摆线画上（图4-2-10）。

（10）绘制出外套的内部结构线和口袋，注意口袋的位置以及比例大小。并在中心线和腰围线交叉处画上纽扣，口袋处的褶裥要追求线条的流畅性及随意性。注意线条应画出笔锋，以强调其生动感（图4-2-10）。

（11）从肩点出发向下绘制出袖子的外轮廓线，并从袖窿弧线处延伸绘制出小袖的结构线。注意袖子与肩部的关系（图4-2-11）。

（12）与步骤11相同绘制出左边的袖子，注意控制好袖子的形状和长度。最后修整外形，并用橡皮擦擦去辅助线（图4-2-11）。

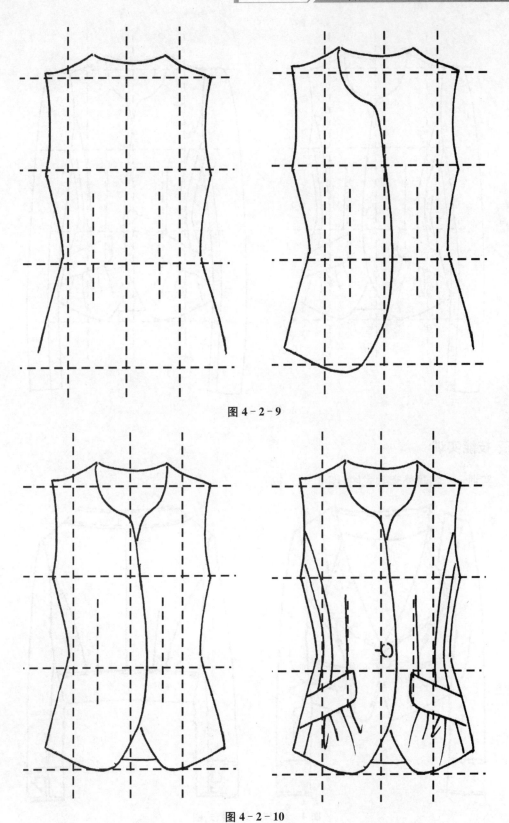

图 4-2-9

图 4-2-10

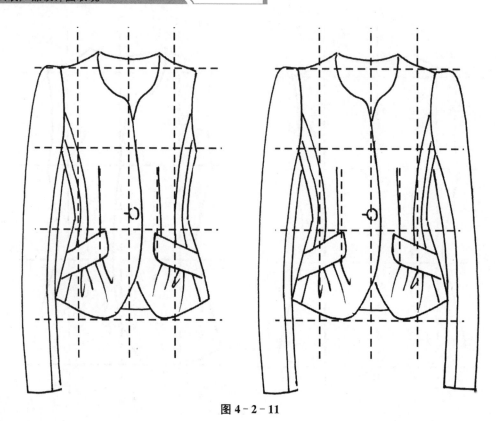

图 4 - 2 - 11

五、技能实训

实训一：临摹外套款式图(图 4 - 2 - 12)

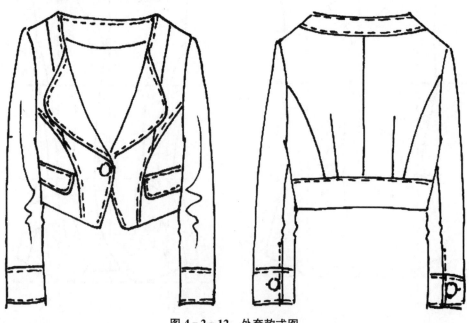

图 4 - 2 - 12　外套款式图

1. 实训目的

掌握外套款式图绘制的分解步骤。

2. 实训要求

（1）能够用规范、清晰的省道强调结构图中的工艺感觉。

（2）能够正确地表示省道及口袋的位置，比例准确才能体现款式特征。

（3）用粗实线表现服装及服装零部件的外轮廓线，用细实线表现服装的内部造型线（如省道、分割线和装饰线等），缝迹线一般用虚线表示。

（4）能够进行合理的构图，款式的比例结构准确，线条随意流畅。

（5）能够以单线勾勒，线条正确流畅，整洁规则，以利于服装结构的如实表现。

作 品 欣 赏

一、款式图

图1

图 2

图 3

图 4

图 5

图 6

图 7

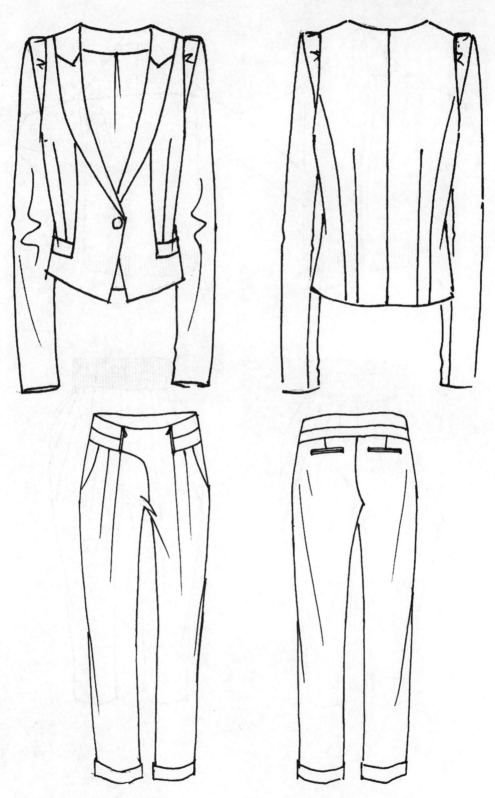

图 8

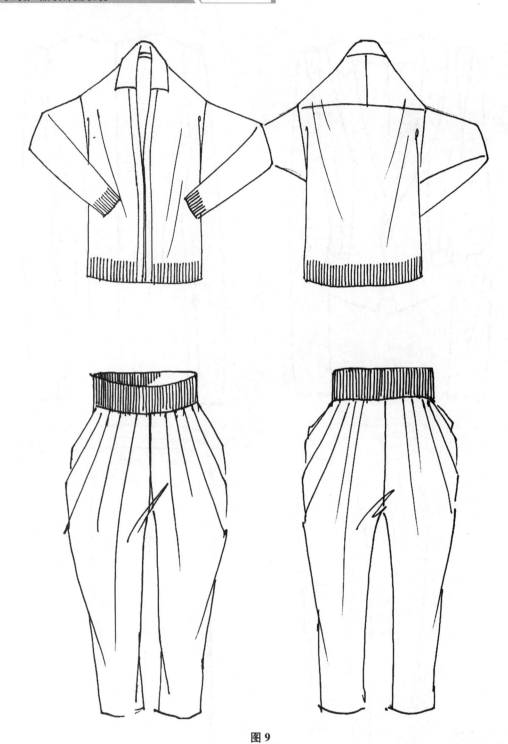

图 9

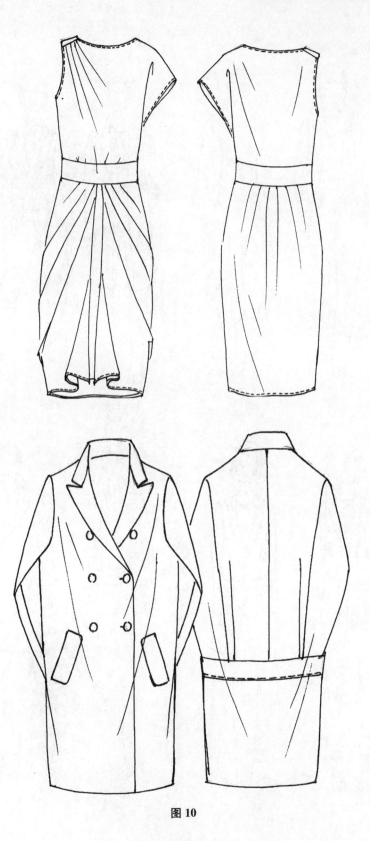

图 10

二、着装图

图 11

图 12

图 13

三、对照图片绘制着装图

图 14

四、企业设计稿

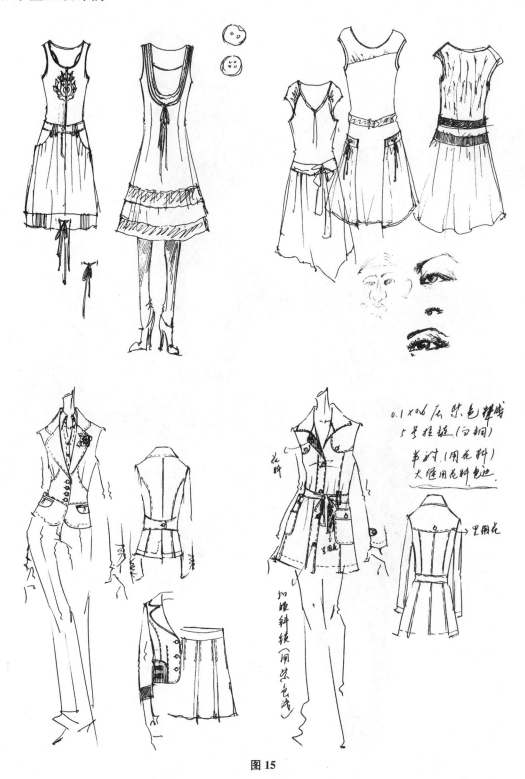

图 15

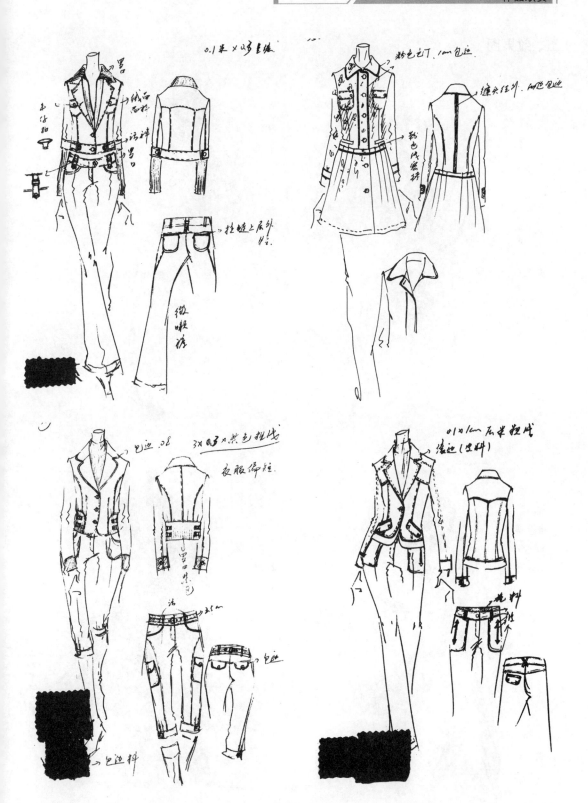

图 16

五、效果图

图 17

跪姿

姿态与形象的选择

正姿

姿态与形象的选择

装饰形式

装饰形式

图 18